时装画水彩表现技法详解

造型基础×动态规律×质感表达

陶的花（HANANA）著

人民邮电出版社

北 京

图书在版编目（CIP）数据

时装画水彩表现技法详解 ：造型基础×动态规律×
质感表达 / 陶皓颖著. -- 北京 ：人民邮电出版社，
2021.11
ISBN 978-7-115-52288-7

Ⅰ．①时… Ⅱ．①陶… Ⅲ．①时装－水彩画－绘画技
法 Ⅳ．①TS941.28

中国版本图书馆CIP数据核字(2020)第104659号

内 容 提 要

本书针对时装画水彩表现，详细讲解了水彩工具的使用方法和技巧，人物造型的人体比例、人体结构、
五官、发型等基础知识，以及模特的静态与动态下的重心和造型。在讲解人体着装效果时，详细分析了服装
褶皱的产生、类型与画法，以及服装与人体的空间关系。最后讲解了常见经典面料服装的完整效果图表现案
例，既分析了面料特性的表现手法，又详解了完整时装画案例的绘画过程。

本书适合服装设计初学者、学生，以及热爱时装画的自学者、服装插画师阅读，也可作为服装设计院校
或相关培训机构的学习教材。

◆ 著　　　　陶皓颖（HANANA）
　　责任编辑　杨　璐
　　责任印制　马振武
◆ 人民邮电出版社出版发行　　北京市丰台区成寿寺路 11 号
　　邮编　100164　电子邮件　315@ptpress.com.cn
　　网址　https://www.ptpress.com.cn
　　北京宝隆世纪印刷有限公司印刷
◆ 开本：787×1092　1/16
　　印张：11
　　字数：280 千字　　　　　　2021 年 11 月第 1 版
　　印数：1 – 2 500 册　　　　2021 年 11 月北京第 1 次印刷

定价：89.90 元

读者服务热线：(010)81055410　印装质量热线：(010)81055316
反盗版热线：(010)81055315
广告经营许可证：京东市监广登字 20170147 号

前言

很开心在这里和各位读者分享我的写书心得。当我收到编辑的写书邀请时，心情既激动又紧张，激动是因为我可以与读者分享自己的努力成果，证明自己；紧张是因为忙碌的工作，影响了我写书的时间分配和内容质量。鱼与熊掌不可兼得，本着为读者负责的态度，为了能给读者呈现一本高质量的学习书，我选择了在家专心投入写作。有强迫症的我，对每一章的内容及每一个细节严格把关。希望读者在阅读本书时可以感受到我的用心。在此，非常感谢编辑给予我的机会，以及在本书编写过程中给予的建议和肯定。

时装画日渐受到人们的关注，从制版效果图到商业效果图，可以看出时装画的地位不容忽视。时装画不仅能为服装设计师锦上添花，还能帮助设计师在商业插画领域有一番作为。就我而言，起初是为了完成学校的作业而绘制时装画，后来受到时装画高手的影响，被水彩时装画的风格与魅力所吸引，深深爱上了水彩时装画，从而不断练习，寻找属于自己的绘画风格。真是验证了"越努力越幸运"的道理，开始不断有客户私信邀请我合作，后来有了这本书的面世。这个过程虽然有辛酸，有汗水，有困惑，但通过努力和坚持，并且相信自我，我取得了一定的进步。

无论你是服装设计师还是学生，或是没有绘画基础的朋友，只要你热爱时装画，相信这本书可以帮到你。我从小就非常喜欢画画，随便一张纸一支笔就可以画个不停。小时候喜欢画人，给玩偶画设计图，梦想是长大后成为一名服装设计师。感谢今天的自己，实现了儿时的愿望。迄今，我接触水彩时装画也快7年了，对水彩时装画有了自己的见解，完成了这本非常适合自学和自我增值的图书，希望能尽自己最大的力量帮到你。

HANANA

目录

第5章　男装完整案例示范

第1章
Chapter 1

绘画工具及
水彩技法

绘画工具及材料
水彩基本技法

——
绘画工具及
水彩基本技法

1.1
绘画工具及材料

在时尚信息越来越多元化的今天，时装画也呈一种自由的姿态慢慢展开来。绘画媒介不仅仅再局限于普通的纸和笔，一切你能想到的材料都可以运用在画纸上，哪怕是指甲油和纽扣这样的生活用品都能发挥它的时尚用途出现在我们的画里。

对于时装插画师而言，选择自己喜欢的画具更能表达我们的绘画情绪，呈现想要的效果。后面会对不同的工具做一个简单的介绍供大家参考，从而选择适合自己的画具。本书主要使用水彩相关工具进行讲解。

1.1.1 起稿和勾线工具

1. 直尺

方便画辅助线，尤其是在前期学习头部的画法时需要画框架。

2. 自动铅笔

可以换芯，并且拥有不同的粗细型号，起稿方便，适合画小细节。

3. 石墨铅笔

就是常见的绘图铅笔，HB型号的铅芯比较硬，我更喜欢用2B型号的铅笔起稿，因为铅芯较软，容易画出线条的节奏感。建议平常多使用这种铅笔作画，在勾线上就会发现有很多相通的地方。

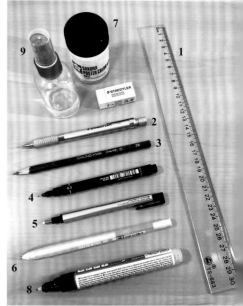

4. 针管笔

容易塑造绘画的风格，尤其与马克笔搭配，绘画效果会更有趣味性。

5. 橡皮笔

大块橡皮擦适合擦除大面积的铅笔画，笔芯式橡皮笔用来擦角角落落的小细节则非常适合。

6. 高光笔

给一些服装细节和配饰做提亮很方便。

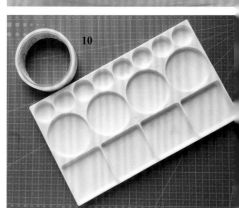

7. 白颜料

同样用于给一些服装细节和配饰做提亮效果。

8. 留白笔

和留白液的功能一样，都适用于着色前的遮挡，笔式的留白胶则适合画花纹等比较幼细的小细节，易控制笔触。

9. 小喷壶

使用固体颜料前将其喷湿，取色更顺畅。

10. 调色盘和胶带

调色盘的格子大一些才不会束手束脚，颜料也不会串色。胶带在裱纸时使用。

1.1.2 上色工具

1. 水彩笔（笔触图片）

选择水彩笔基本上能快速铺色、能晕染和勾线就足够了。从性价比来说，尼龙笔比较便宜，笔毛硬，耐摩擦，适合刚入门的新手，只是吸水性较差，不适合刻画细节。在基础扎实一些之后可以考虑选用动物毛的水彩笔。右上图中①和②是用松鼠毛制作的水彩笔，聚峰和蓄水能力较强，适合大面积染色，缺点是比较娇贵，价格也高；③④⑤属于传统毛笔，蓄水能力一般，适合小面积的铺色，但笔毛弹性好，聚峰能力不错且性价比高。⑤的笔较细，可以用作勾线，勾线笔由于毛量少，容易开叉，损耗很大，所以需要经常更新。

2. 水彩颜料

水彩颜料分固体颜料和管状颜料。固体颜料携带方便且适合画小幅的作品，管状颜料适合画大幅作品。基本上24色足够平常使用了，当然这些也要具体看个人使用习惯而定。

3. 水彩纸

按性质分，水彩纸有木浆纸和棉浆纸。木浆纸显色比较好，色彩鲜艳，能够形成明显的水彩边缘，所以在刻画细节时容易使色彩堆积而导致晕染不自然。棉浆纸弱显色，颜色干了之后会发灰，但胜在稳定性好。按纹理分，水彩纸有粗纹、中粗纹和细纹，细纹比较适合画细节比较多的画面，粗纹则适合做快速表现。

4. 彩铅和马克笔

马克笔的色彩鲜艳，能够快速表现，效果也比较突出，适合设计类人群使用。但因笔头和色彩限制，在刻画某些细节上会有一定局限性。彩铅好控制，能做细腻的笔触刻画，还能与其他绘画工具搭配起来使用，非常适合给某些服装材质绘制肌理。

1.2
水彩基本技法

对于时装画，水彩画的基本技法主要是运笔流畅和色彩的叠加，以及晕染等。水彩画的画法基本上可以分为两大类：干画法和湿画法。干画法又可分平涂、叠色等具体方法。

干画法是用层涂的方式在干的纸面上直接作画，色块之间不相互渗化，且可多次着色，用于表现明确的形体结构。绘制时使画面厚重、立体，是干画法的特长。

1.2.1 平涂法

平涂法是用画笔将色彩以平铺的形式依次填到需要涂抹的区域，不重叠，不渲染。绘制时，无需在意技法和笔触，力求每块颜色均匀即可。

在绘画时，要求运笔流畅，蓄水饱满，一气呵成。

1.2.2 叠色法

叠色法是将颜色由浅入深，一层一层叠加上去。要求在第一层颜色干了之后再依次按照明暗关系铺上第二层、第三层颜色。色彩在多次重叠之后，颜色越来越深，对比明显，便会产生立体感和空间感。

一定要在第一层颜色干后铺第二层、第三层颜色，但不能反复涂抹，以免弄皱画纸，影响色彩的透明度。

1.2.3 留白法

手动留白法

对于一些浅亮色、高光部分，需在画深一些的色彩时"留"出来。水彩颜料的透明特性决定了这一作画技法，浅色不能覆盖深色。

在画高光部分时要根据其形态手动空出位置，务必一笔到位。

留白液留白法

对于一些形状比较复杂的浅色区域可以借助留白液来达到效果。

上色前用留白笔画出花纹的形状，也可用专用的胶笔蘸取留白液来画。

等干了之后着色。

等颜色干透之后擦去留白胶，便可得到留白的区域。

.2.4 渐变法

单色渐变是将一个颜色块的某一边晕开，形成一个自然渐变的效果。双色渐变是在趁水分快干时将两种颜色相接，使其水色流渗，表现色彩的渐变时多用此法。接色时水分使用要均匀，否则，水从多处向少处冲流，易产生不必要的水渍。

颜色还未干时，使用干净的湿笔将下端自然晕开。笔的水分不宜过多。

第一个颜色还未干时，画第二个颜色，使它们渗开融合，达到自然的渐变效果。

.2.5 渲染法

渲染是指水彩在湿润的纸面上晕染，经自由扩散和渗化后形成柔和而朦胧的效果。趁湿下笔，可以多种颜色自由晕染，而纸面水分程度的不同，也会影响到颜料扩散的最终效果。

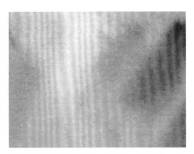

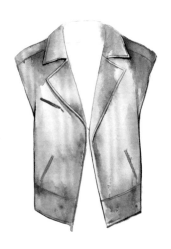

在需要的区域铺第一层水打湿纸面，趁湿铺上第二层颜色，这两种颜色便会自由晕染渗开。

.2.6 枯笔法

枯笔法是指在挤去画笔多余水的状态下作画，开叉的笔毛可以形成不规则的干枯纹理，特别适用描绘毛发和树皮等特殊材质。毛发多用笔尖画，大面积纹理可以用笔肚画。最好使用不常用的开叉毛笔，既可废物利用，又可达到绘画目的。

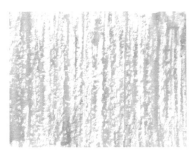

毛笔蘸满颜料之后，用大拇指和食指挤去多余水分，但要使笔毛保持一定的湿润度。然后，用开叉的笔尖按照毛发的生长方向运笔。

彩铅＋水彩

针管笔＋马克笔

彩铅

人物造型基础

学习要点
人体比例
肢的画法
整人体模特的画法

2.1

时装人体
比例

人体是时装画的基础，是衣架子，只有画出美丽准确的人体，才能更好地表达服装的款式结构和设计理念。 但人体是一个非常复杂的课题，这就需要我们化繁为简以最简单明了的块状来分割躯干，方便学习和记忆。

2.1.1 人体形状

图1是画时装画时需要了解的人体重要骨骼的形状，了解它们是为了更好地理解身体的曲线。人的肌肉依附于骨骼，身体曲线起伏皆是按照肌肉的凹凸走向。

由图1可以看到，人的头部是椭圆形的，脖子是长方形的，斜方肌和肩胛骨为三角形，肋骨为椭圆形，盆骨像心型。

图2是根据图1的骨骼形状得出的块体。从肩膀的转轴点连接到肋骨的底部，胸腔即形成倒梯形，盆骨上端连接到大腿股骨的大转子为梯形。手臂和腿部则为变形的矩形。

男人体和女人体的体块思路是一样的，区别在于身型的细节上。

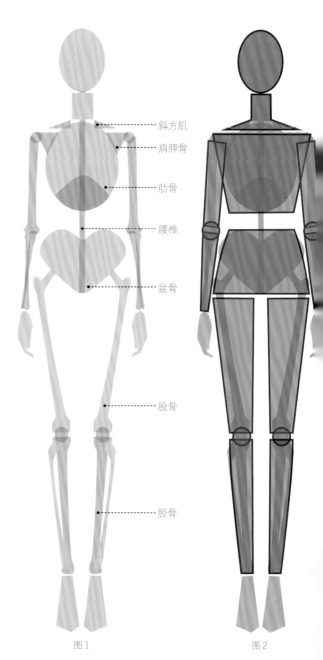

斜方肌
肩胛骨
肋骨
腰椎
盆骨
股骨
胫骨

图1   图2

2.1.2　女人体

　　时装效果图中的人体比例是理想化的，它比实际的人体更修长、苗条，甚至有点夸张。效果图中，人体身高一般以头部长度为单位，正常成年人人体为7~7.5个头长，服装手稿常见的人体高度多为8~9头身，甚至是10头身，目的是为了追求视觉上的美感。

　　女性身体曲线流畅，上半身身型像一个沙漏，腰细臀肥。

2.1.3 男人体

男性身体的肌肉比较发达，明显区别于女性身体的地方主要集中在斜方肌（A）、三角肌（B）、股四头肌（C）、腓肠肌（D），这些细节会导致身体曲线没有女性那么流畅。由于男性肩宽臀窄，因此整个上半身看起来就像一个倒三角。

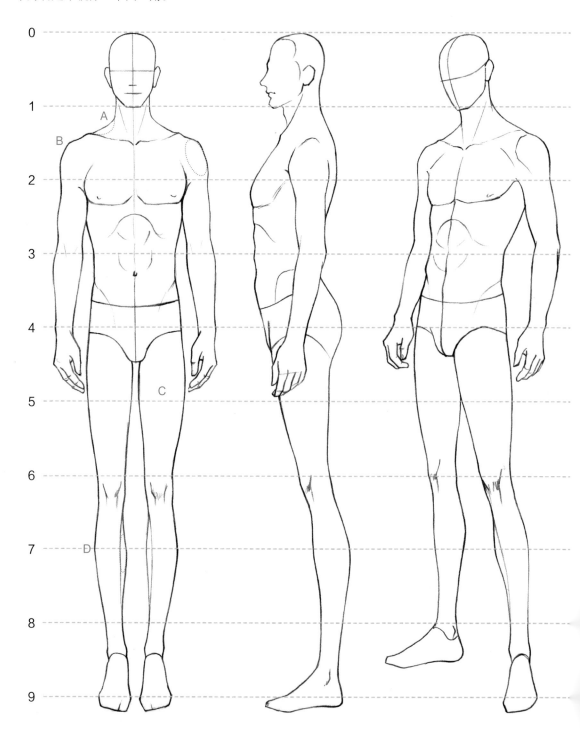

2.2

头部与发型 的画法

想让一幅时装画的整体造型时尚，光靠模特的形体美和服装美是不够的，好的面部妆容和发型能给整体效果加分。在练习过程中，可以试着搜集秀场上不同角度的妆发照片进行临摹，在已有的结构基础上进行美化，最终形成自己的时尚风格。

2.2.1 脸型

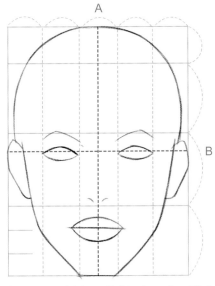

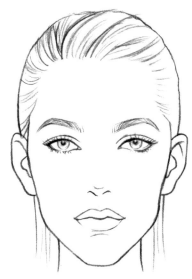

美学的黄金比例分割法，人的脸部以"三庭五眼"为修饰标。五眼即以眼睛长度为单位，把脸的宽度分为五等份。三庭把脸的长度分为三等份，从发际线到眉骨，从眉骨到鼻字底，从鼻底到下颌。眼睛在第二庭的三分之一处。唇缝的位置在第三庭的三分之一处。A线和B线分别为整个头部的高度和度的中线，即我们常说的"十字画法"中的十字线。

五官中最强调刻画的就是眼睛，在画女性的鼻子时可以只表现出鼻孔和小巧的鼻翼，耳朵适当几笔带过，甚至也可以只交代廓形。刻画脸型的时候要注意下颌骨的转折位置，转折点不同，也会导致脸型不一样。美丽而立体的脸总是比较时尚的，颧骨要稍微突出一些。整个头部的形状呈水滴型。

性头部与女性比较：下巴相对较宽，脸颊深陷，咬发达，眉毛低且呈剑眉，眼角稍垂，整体呈三角状，头有肉，嘴巴扁而宽。画的时候可以稍微强调鼻梁。

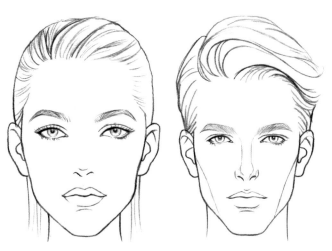

2.2.2 五官

1. 眼睛

　　眼睛是一个球体，被包裹在眼眶中。女性的眼睛比较圆和大，草稿可以先画出一个橄榄形，注意眼尾上扬比眼头高，眉峰收在眼角以内。

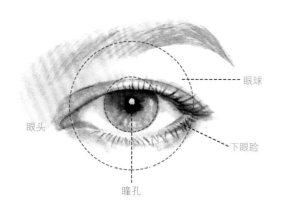

眼球

眼头

下眼睑

瞳孔

微侧的眼睛像是将正面眼睛往里挤压了一样，长度变短，形>更偏向一个四边形。

侧面的眼睛像一个倾斜的正三角形，要注意眼珠始终是被上眼睑给包裹住的，不能画到眼眶外。

当眼睛正视前方时，眼珠上方的一部分是会被上眼皮遮盖住的，形状像一个橄榄。

男性的眼睛扁圆一点，整体呈三角状，眼角低垂，眉毛浓粗多为剑眉。

为了配合各种角度的脸部和表情，平常应该多练习画各种状态下的眼睛以达到传神的效果。

1. 嘴唇

嘴唇的特点：嘴唇的形状跟眼睛类似，不同的是嘴唇的两边左右对称且唇角在一条水平线上。上唇比下唇要稍微突出，侧面的轮廓呈往里收的倾斜状态。想要画出性感饱满的女性嘴唇，嘴唇要厚，唇珠起伏要明显。

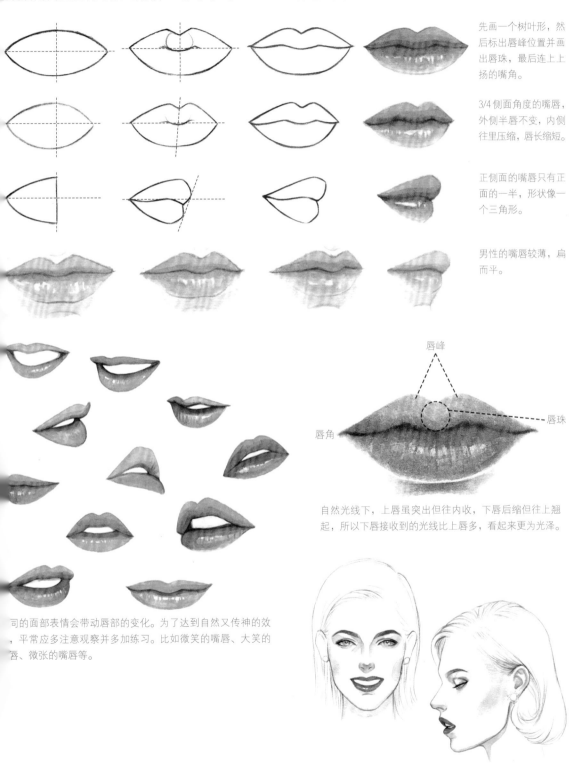

先画一个树叶形，然后标出唇峰位置并画出唇珠，最后连上上扬的嘴角。

3/4侧面角度的嘴唇，外侧半唇不变，内侧往里压缩，唇长缩短。

正侧面的嘴唇只有正面的一半，形状像一个三角形。

男性的嘴唇较薄，扁而平。

唇峰

唇珠

唇角

自然光线下，上唇虽突出但往内收，下唇后缩但往上翘起，所以下唇接收到的光线比上唇多，看起来更为光泽。

司的面部表情会带动唇部的变化。为了达到自然又传神的效，平常应多注意观察并多加练习。比如微笑的嘴唇、大笑的唇、微张的嘴唇等。

3. 鼻子

鼻子由柱形鼻梁、鼻头和两侧扇形鼻翼组成，形成一个三角体。女性的鼻子小巧秀气，一般采用简略的画法，正面的鼻子只画出鼻孔即可，鼻翼也不用太强调。侧面的鼻子需画出鼻头。男性的鼻子一般会画出鼻梁，鼻头厚实有肉会显得强壮有力。

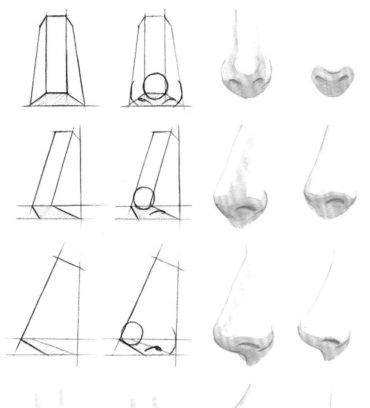

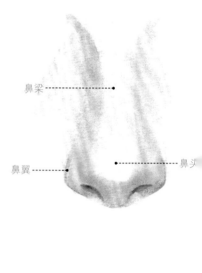

4. 耳朵

耳朵跟鼻子一样比较次要，当头部处于正面时，只需要简单画出耳轮廓和耳垂即可。当头部处于正侧面时，画出耳屏、耳腔和对耳轮会更真实。

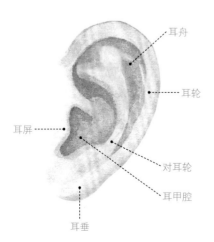

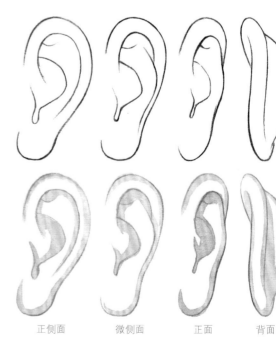

正侧面　　微侧面　　正面　　背面

2.2.3 脸部画法及着色

1. 正面

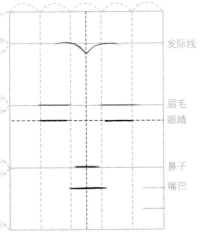

发际线

眉毛
眼睛

鼻子
嘴巴

画出三庭五眼的比例，然后依次标记
眉毛、眼睛、鼻子和嘴巴的位置。

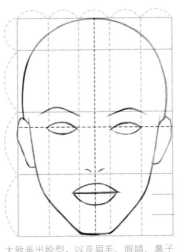

大致画出脸型，以及眉毛、眼睛、鼻子
和嘴巴的形状。注意在正面也能看到部
分圆形的后脑。

刻画五官细节，并完善脸部轮廓和发型。

平铺第一层肤色并简单勾
勒出阴影的大致位置。如
果不喜欢有底色，可以以
白色作为基础肤色。阴影
主要集中在眉骨下方、颧
骨下方、鼻子和嘴唇底下。

加深整体阴影部分，填充
虹膜和嘴唇的颜色，并留
出高光位置。

模特脸部加上妆容效果增添立体感：勾勒出黑色眼线，然后在
眼尾的地方用蘸有棕色的湿笔晕开来刻画眼影，用深红色在唇
中往下晕开以区分上下唇的结构。

2. 3/4 侧面

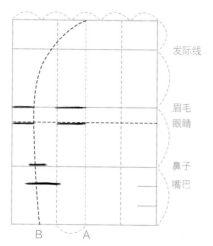

发际线

眉毛
眼睛

鼻子
嘴巴

B   A

先画出三庭五眼的比例，A线为外侧眼角的位置，头部侧过去的时候，脸部的透视关系产生变化，I字线的"竖线（B线）"发生了弯曲。

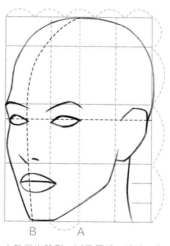

B   A

大致画出脸型，以及眉毛、眼睛、鼻子和嘴巴的形状。注意B线是脸部的中线，穿过鼻梁、人中和唇中。

完善脸部细节，绘制出眉毛、眼睛、鼻子和嘴。注意五官的透视关系。

以白底为基础肤色铺第一层阴影。

铺第二层阴影，可以使五官看起来更立体。填充虹膜和其他颜色，并留出高光位置，上眼皮投下的阴影要在眼白的地方用皮肤阴影色表示出来。

完善五官细节，可以给模特的脸部加上妆容效果。

4. 正侧面

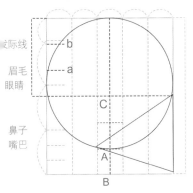

发际线
眉毛
眼睛
鼻子
嘴巴

先设定头部（包含头发厚度）的高度，根据十字画法可知a点是眼睛的位置，将上半部分分为3份，b处是发际线的位置。以下部分按照三庭来分割就能得出眉毛、鼻子和嘴的位置。头部宽度为C，以此得出头部的形状。

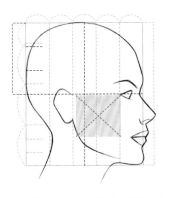

大致画出头型，以及眉毛、眼睛、鼻子和嘴巴的形状。注意鼻尖到下巴有一个往里倾斜的角度。

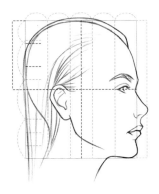

完善脸部细节，女性的鼻子应画得小巧而精致，鼻头微微上扬。

铺第一层基本阴影。由于眉骨是突出的，因此投下的阴影也会相应往前。

加深第二层阴影，填充虹膜和嘴唇的颜色，以及头发、眉毛的颜色。

完善细节，可以给模特脸部加上妆容效果。

2.2.5 男性脸部

. 正面

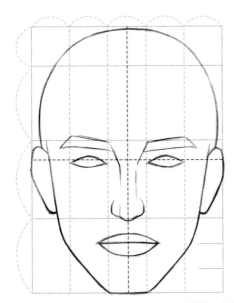

照三庭五眼的比例大致画出五官的形状。男性的眼睛呈三角
，眉骨高，眉毛距离眼睛近。可以稍微画出一点鼻梁更显刚
，嘴部扁平。

刻画脸部细节。男人的五官更加深邃，脸型棱角分明，脸颊深
陷，颧骨突出，鼻梁和鼻头也比较明显，眉毛粗且浓密。

色方式和女性一样，阴影主要集中在眉骨下方，鼻梁两侧，鼻
以及颧骨和嘴唇的下方。明暗对比越强烈，脸部效果更立体。

改变五官等细节，可以获得一个新的形象。例如将下巴加宽一点，
鼻梁再稍长一点，或者换个眉形、发型都能让模特焕然一新。

2. 3/4 侧面

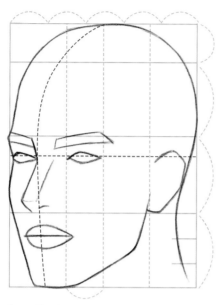

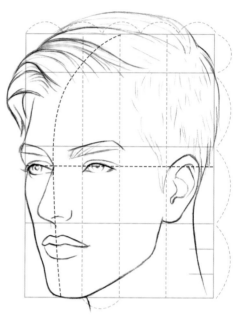

按照三庭五眼的比例大致画出五官的形状。男性的眼睛呈三角形，但是侧脸时眼睛的上眼睑最高点是往转向的方向移动的。眉毛呈剑眉。下颌骨比较明显。

刻画脸部细节。当脸部侧过来时，男人的眉骨、颧骨和口轮匝肌就尤为突出。这是区别于女性脸部轮廓最主要的特征。鼻和鼻头都要画出来，鼻头微上扬一点更显年轻。

着色时男性的鼻梁要适当画得明显一些。

更侧一点的角度。

. 正侧面

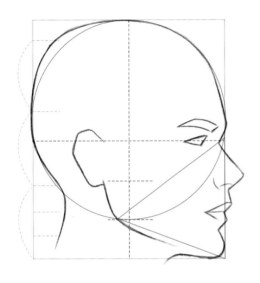

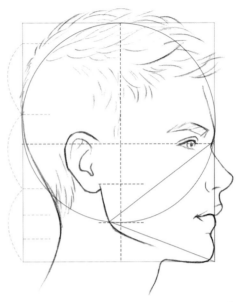

照前面女性正侧面的画法绘制出脸部矩形框架，确定十字线及五官的位置。大致画出头型，以及眉毛、眼睛、鼻子和嘴形状。

完善脸部细节。注意男性的眉弓突出，鼻梁比女性更挺拔，下巴更厚实。

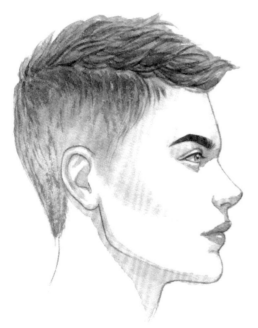

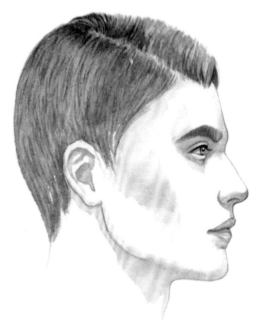

为了表现更为深邃的眼窝，眉骨下的阴影可以多铺一些。

更成熟一点的男士侧脸，最主要是将鼻子画挺拔一点，鼻尖低一点。当然还有稳重的发型。

2.2.6 头发基本走向

后梳直发：

头发从发际线开始，往脑后呈发散性散开。发际线的边缘犹如一个猴子脸的心型。

后梳扎发：

扎发与披发几乎相反，它是将所有的头发聚集到一个点然后束缚起来。注意头发的走向。大部分盘发是以此为基础，有时是聚集到多个点然后固定起来。

两侧分发：

两侧分发是从头顶分开一条路径，头发往两侧分，常见有直发和卷发。形式上可以有中分和偏分，可以某一边别至耳后。直发相对于卷发来说走向更简单。

男士发型：

男性一般都是短发，侧梳和后梳比较常见。头发的走向和女性的差不多，只是长度较短，末端线会稍有不同。

后梳　　　　　前梳　　　　　侧梳

2.2.7　常见发型的画法

. 卷发

01 step

用铅笔打好草稿，并保证线条的整洁，注意头发的起点和主要走向。波浪卷要画成两边不对称才有美感。

02 step

用土黄色和少量熟褐色加水调和平铺出第一层发色，适当留出高光部分。卷发的层次比较多，画时要清楚发缕与发缕之间的前后关系和上下关系。

03 step

在土黄色少熟褐色多的比例下加少量水调和作为第二层的阴影色加深暗部，上层头发盖住下层头发时往往会投下阴影。色彩重的部分也是跟着头发的主要结构线走的。

04 step

刻画细节，用第二层颜色加灰棕调和来加深明暗对比，使人物整体更立体，廓形更清晰。

31

2. 直发

01 step

用铅笔打好草稿，并保证线条的整洁。这款直发的两个主要走向是放射线集中到耳后的一小片头发和往外翻飞的带有不太明显的前后关系的前片头发。

02 step

将粉色加水稀释平铺出第一层发色，适当留出高光部分。

04 step

用少量粉色调和棕色来勾勒发根处的头发丝，使发型更真实和立体。

03 step

用同色系高浓度的粉色加深发根、发尾和收在后脑的大片头发，让人能直观感受到头发的明暗关系。

▌. 短发

01 ep 用铅笔打好草稿，并保证线条的整洁。碎短发的层次较多和复杂，呈多种缕状。

'2 "p 用熟褐色加水调和平铺出第一层发色，适当留出高光部分。

3 p 头发在头顶四处散开，多层头发积压从而形成阴影。用熟褐色加灰棕作阴影色来加深发片的发根和发尾，突出受光面以加强体积感，上层头发盖住下层头发时往往会投下阴影。

04 step 等第二层颜色干了之后再用阴影色加灰棕调和来刻画发根处，加深前片头发和后片头发的交界处，再在发片上适当勾勒几笔，加强真实感和立体感。

多层次的短碎发

侧分齐耳短发

4. 卷发

01 step 用铅笔打好草稿，爆炸形的卷发的层次比较杂乱，在绘制草稿时就要将大致走向画出来以方便区分明暗。

04 step 将发缕与发缕之间的轮廓线勾勒出来，加深发缕与发缕之间缝隙，使空间感更强，效果更立体。

02 step 用土黄加水调和平铺第一层发色。

03 step 爆炸卷相对于大波浪卷来说只是形态更小且密集，挤压的小空间更多。每一缕头发的明暗关系仍然是受光的方向亮，折叠遮挡进去的地方暗。用土黄加少量熟褐调和作为中间调，按头发的走向将明暗关系区分开来，使其轮廓更清晰。

5.后梳扎发

01 step 扎发是将所有头发集中到一个点后束起来，头发的走向是前面的放射线集中在脑后的发带这一点收拢。

02 step 用土黄色和少量熟褐色加水调和平铺出第一层发色，适当留出高光部分。这款马尾在头顶和脑后做了蓬松效果，层次比较明显。

03 step 将第一层颜色加入熟褐色和灰棕色来加深阴影部分，绘制时要清楚发缕之间的前后关系，掌握好阴影的明暗关系，例如，耳朵这边的头发在后脑头发的前面。

04 step 刻画细节，加深明暗对比，使整体更立体，廓形更清晰。

高梳型马尾

低马尾

35

6. 盘发

01 step

用铅笔打好草稿，并保证线条的整洁，注意头发的起点和主要走向。

02 step

用少量土黄色加灰棕色平铺出第一层发色，适当留出高光部分。这种盘发比较蓬松，画时要清楚发缕与发缕之间的穿插关系。

04 step

勾画发丝，加深明暗对比，使人物整体更立体，廓形更清晰。

03 step

用第一层颜色加少量熟褐色和灰棕色调和加深阴影部分，上层头发盖住下层头发时往往会投下阴影。而色彩重的部分也是跟着头发的主要结构线走的。

2.2.8 头部画法——十字画法

十字即为头部宽度的中线（A）和头部高度的中线（B）相交而成。实际上是由三庭五眼演变而来的，所以使用十字画法之前同样需要我们熟练掌握三庭五眼的数据比例。已知眼睛在B线上，A线为鼻子、人中和嘴巴的中线，脸宽仍为5只眼睛的宽度，这样很容易得到头部的轮廓线。

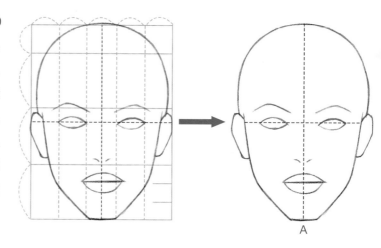

A

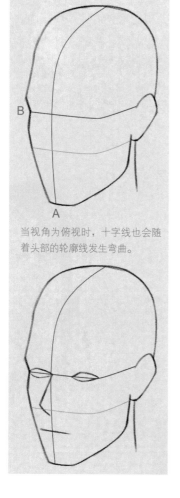

当视角为俯视时，十字线也会随着头部的轮廓线发生弯曲。

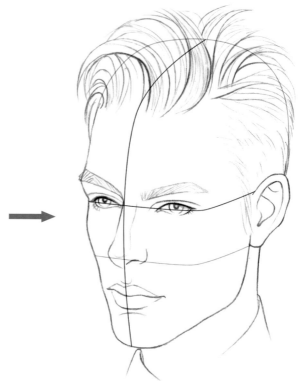

视角不同，五官会随着透视变化发生一定的弯曲和压缩。我们要在日常生活中多观察这种变化，也可以找人像素材进行分析和临摹练习。

根据十字法设计头部造型

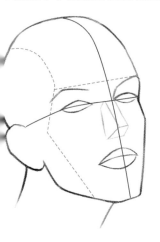

出十字曲线并确定五官的形状。

根据此角度分别画出男女的头部线稿，注意男女在五官上的细微差别。从蓝色的辅助线可以看出，男性的口轮匝肌和下颚骨明显突出，鼻梁结实，鼻头有肉；男性的眉毛低，眼窝深邃；女性的脸部线条则更为流畅。

当头部仰起和低下的时候，十字线均会随着透视变化而发生弯曲，它依附于头部，且走向是固定不变的，只有在视角变化时，它才会跟着头部的转动而变化。

2. 十字画法头部其他角度范例

01 step

根据十字曲线画出五官的大致形状。

02 step

在形状的基础上完善五官细节并加上发型。

03 step

着色并刻画细节。

.十字画法的头部练习

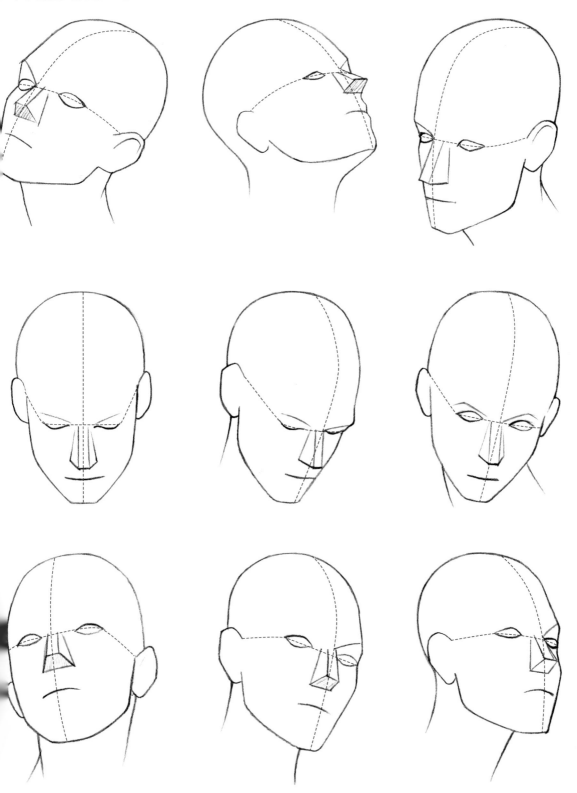

2.3
四肢的画法

一个完整的造型是少不了肢体语言的，对于服装而言，躯干就是载体，它不仅 形态优美，还要用合适的角度来展示服装的特点。在绘画之前先分析骨骼和肌肉组 结构，判断哪些线条是平缓流畅的，哪些线条是凹凸起伏的，在画的时候可以把手 和腿想象成两截活动的圆台体，再根据肌肉骨骼的特点给圆台体加上曲线。好看的 脚也能给整体造型加分，相比手臂和大腿，它们的形态多变，结构更为复杂，所以 们要尽可能多地去研究各种角度下的手脚形态。

2.3.1　手部结构

手的长度差不多等于发际线到下巴的长度，而手指与 手掌的长度又几乎相等（A=B），手指张开时呈扇形，并 排的指关节会呈现出两个大的弧度（a、b）。在绘画时，将 手部分解为体块会更方便记忆。手掌看成豆腐块，手指则 是根据关节分为3个长方块，然后根据a、b两个弧度来确 定指节的长度。在刻画手指曲线时，要注意指关节比较粗， 指尖细。

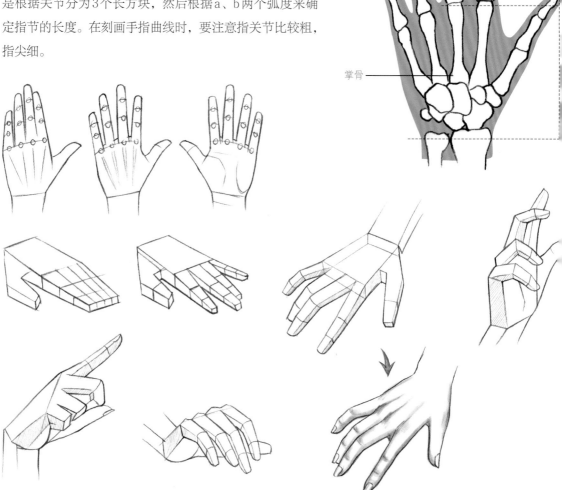

a

b

指骨

掌骨

2.3.2 常见手势

　　时装画里，除非是写实风格，一般不会把手部关节画得特别细致，尤其女性的手，纤细修长，手指蜷曲角度不大的时候，通常也只表现两个大的关节弧度，且会画出一点指甲的长度来表现手指的纤长。

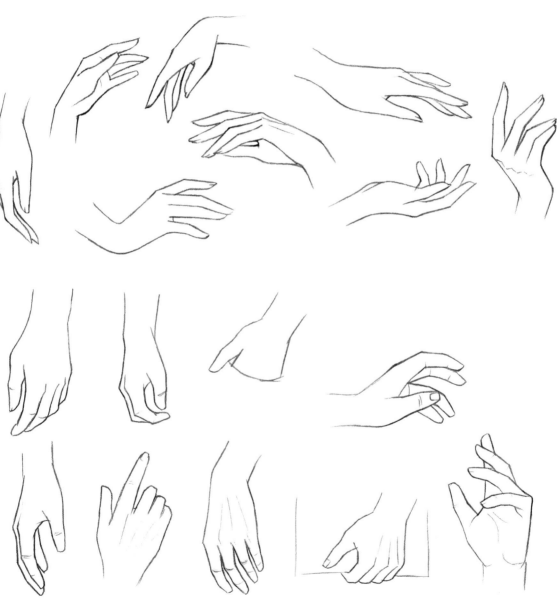

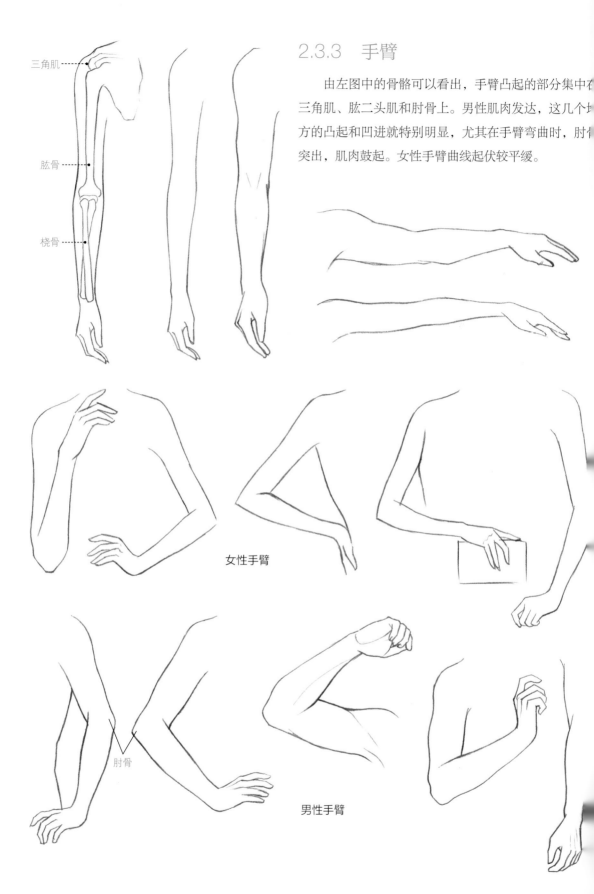

2.3.3 手臂

由左图中的骨骼可以看出，手臂凸起的部分集中在三角肌、肱二头肌和肘骨上。男性肌肉发达，这几个地方的凸起和凹进就特别明显，尤其在手臂弯曲时，肘骨突出，肌肉鼓起。女性手臂曲线起伏较平缓。

三角肌

肱骨

桡骨

女性手臂

肘骨

男性手臂

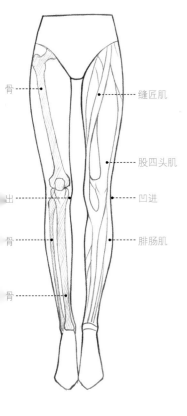

骨

缝匠肌

股四头肌

出

凹进

骨

腓肠肌

骨

2.3.4 女性腿部

我们把腿大致看作是一个上粗下细的倒圆台。膝盖关节是人体动态的支点，由于存在肌腱和韧带组织，因此膝关节的地方会有一个内凸外凹的关键性转折，根据骨骼和肌肉图，在绘画的时候要记住哪部分凸出、哪部分凹进，这样腿部曲线才会给人饱满的感觉。女性腿部曲线光滑、流畅。

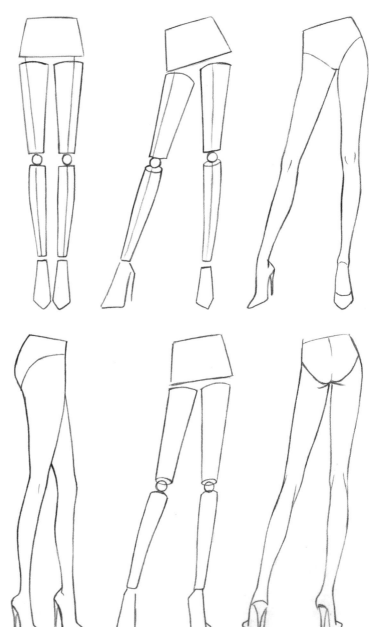

2.3.5 男性腿部

男性的股四头肌组织和腓肠肌比女性更为发达，腿型也比女性粗壮一些。绘画方法也是按照倒圆台的形式，在此基础上添加肌肉曲线。在表现膝关节时，适当描绘出膝盖骨的形状更能体现硬朗的感觉。

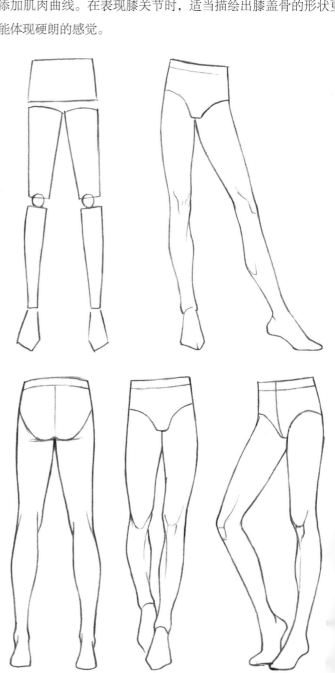

股骨

缝匠肌

股四头肌

凸出

凹进

胫骨

腓骨

腓肠肌

2.3.6 脚部结构

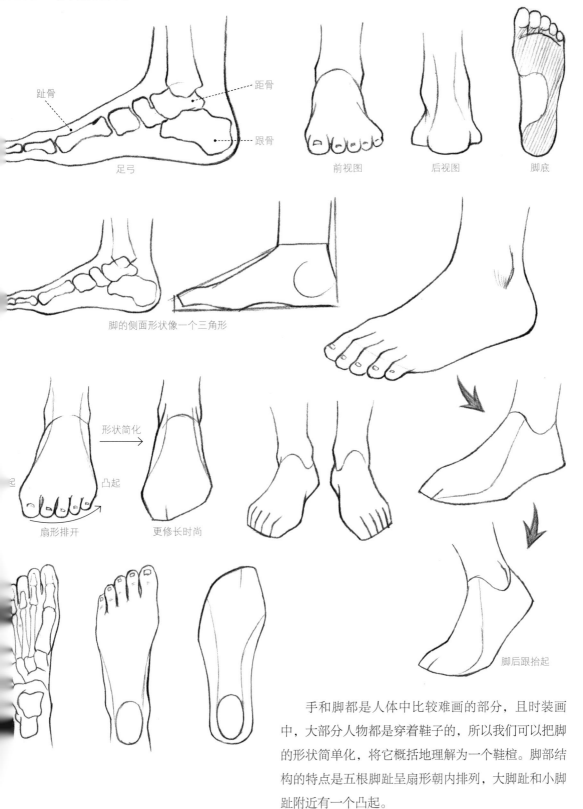

趾骨

距骨

跟骨

足弓

前视图　　　后视图　　　脚底

脚的侧面形状像一个三角形

形状简化

凸起

扇形排开　　　更修长时尚

脚后跟抬起

　　手和脚都是人体中比较难画的部分，且时装画中，大部分人物都是穿着鞋子的，所以我们可以把脚的形状简单化，将它概括地理解为一个鞋楦。脚部结构的特点是五根脚趾呈扇形朝内排列，大脚趾和小脚趾附近有一个凸起。

2.3.7　女性脚部的画法

女性的脚一般处于穿着高跟鞋的状态，脚背高高抬起。鞋跟越高，脚背绷得越直（从低中高跟的脚背曲线就能看出来）。所以女性的脚部看起来比男性更修长一点。如果对脚部的结构把握不熟练，那在画鞋子之前最好先把脚部画出来，再套鞋子。

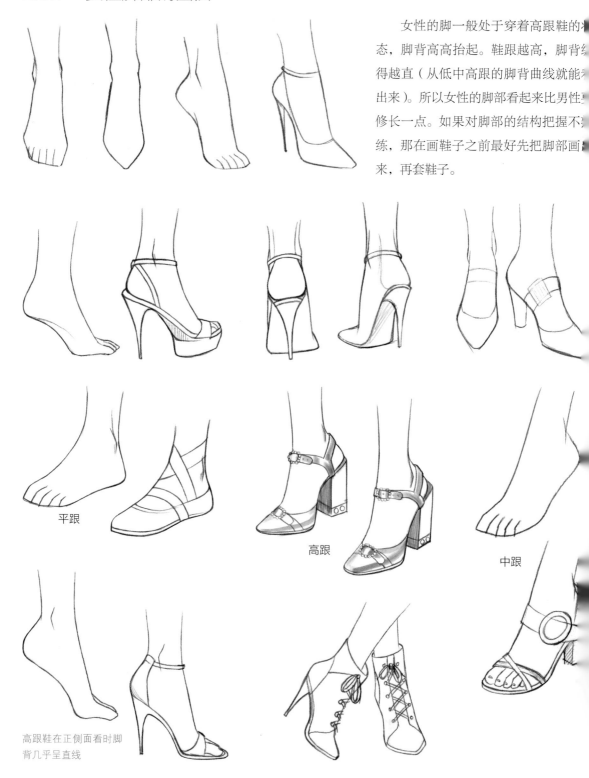

平跟

高跟

中跟

高跟鞋在正侧面看时脚背几乎呈直线

.3.8 男性脚部的画法

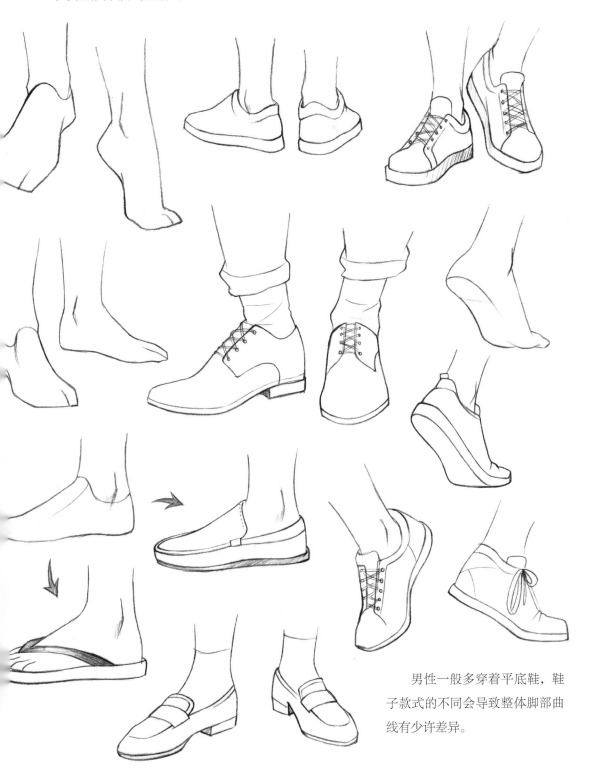

男性一般多穿着平底鞋，鞋子款式的不同会导致整体脚部曲线有少许差异。

2.4

常见模特动态的画法

对一些比较常见的动态，如走路的姿态、站着的姿态等，最好是经过大量的观察与绘画练习之后能够随时默写出来，甚至去创作，而创作动态就需要了解重心这个概念，这能让所画的动态人物是落地的，动作是协调的，也能帮助你找到最能展现服装风格和人物情绪的造型。例如，在重心腿不变的情况下要展示修身裙，那么最好是双腿盖并拢或者双腿交叉站立；若是展示裤子，则可以双腿分开站立。总之，让造型服务于产品，这就是学习动态原理的意义。

2.4.1 人体重心线

人体重心线是维持人体动态平衡的主要依据，它是通过锁骨中点并垂直于地面的直线。肩线、腰线和胯线是人体动态变化的主要依据。当人直立的时候，肩线和骨盆线是相互平行的，但当全身重量落在一只脚上时，同侧的骨盆线就往上倾斜，而这时的肩线却相反地斜向下，胯部上提的这边即为重心腿。肩线和盆骨的延伸线相交之后像一个"＜"或"＞"。人体就是这样按照重心平衡的规律，使人体各部位自然协调，保持平衡。

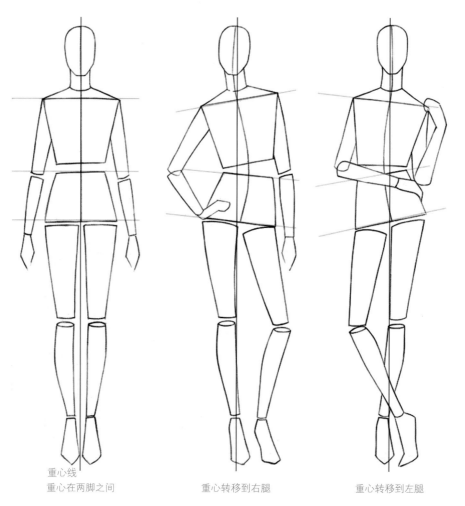

重心线
重心在两脚之间　　　　　　　　重心转移到右腿　　　　　　　　重心转移到左腿

2.4.2　胸腔和盆骨的动态

　　胸腔和盆骨几乎主导了整个人体的动态，为了保持身体平衡，头部和四肢会配合躯干摆出其他自然的姿势。当我们确定了重心腿，另一条腿则处于放松状态，人物的姿态不会影响到身体躯干的整体效果。只需稍微改变一下人物的发型和肢体语言，就会创造出一个全新的造型。

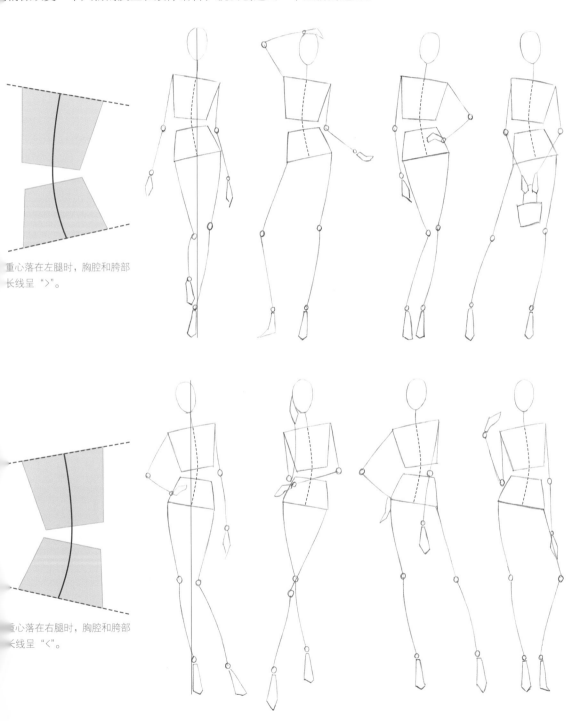

重心落在左腿时，胸腔和胯部长线呈"＞"。

重心落在右腿时，胸腔和胯部长线呈"＜"。

平常创作动态时，可以先画火柴人，
再根据它的动态来完善身体曲线。

2.4.3　完整女性人体正面的画法

①标出9等份，确定人体的重心线、肩线、腰线和臀线的位置，然后以火柴人的形式简单画出躯干和四肢。

②按照火柴人画出人体体块，女性肩线小于等于臀围线，肩宽约为2.5个头宽，乳点约在二头身处，腰宽约等于1个头长，肘关节与腰部平齐，指尖在大腿中部，膝盖在6头身处。

③完善身体曲线时要注意脖子到肩膀的连接线会因斜方肌而产生倾斜。膝盖有一个内凸外凹的弧度。

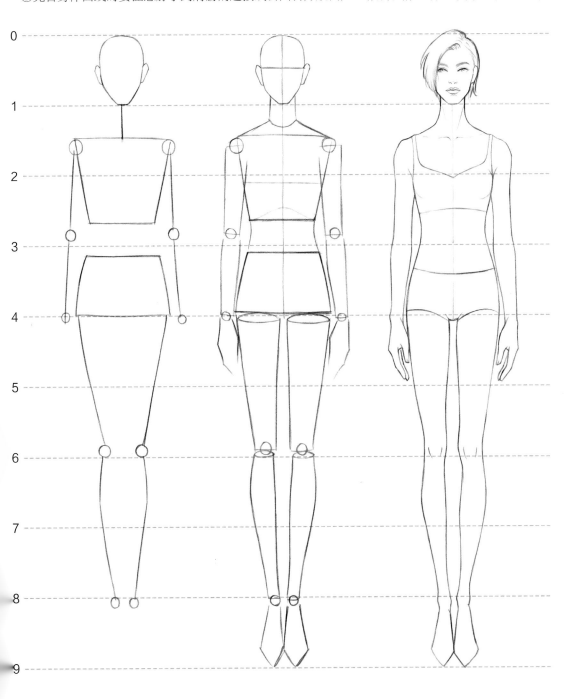

2.4.4　完整男性人体正面的画法

①标出9等份，确定人体的重心线、肩线、腰线和臀线的位置，以火柴人的形式画出躯干和四肢。

②画出人体体块，男性的肩线比臀围线长，肩宽约为3个头宽；腰节比女性低，在第3头身以下；膝盖在6头身下方。

③完善身体曲线，男性的肌肉发达，要把斜方肌、三角肌和四头肌都大致表现出来，更有强壮感。

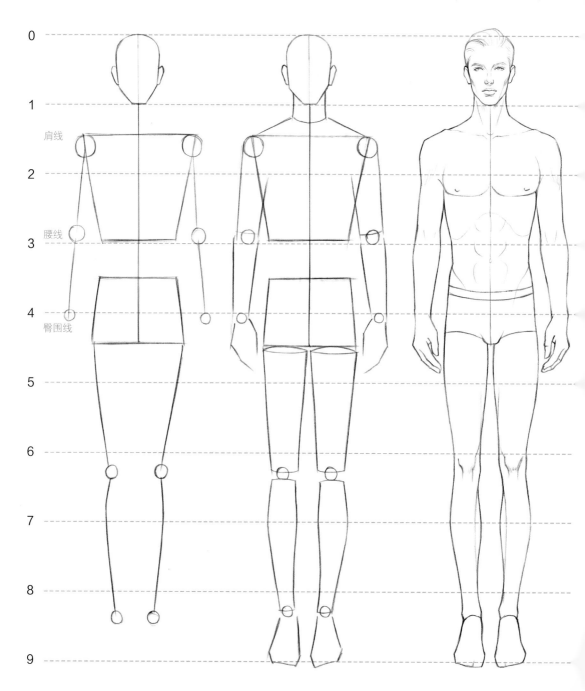

2.4.5 完整女性人体3/4侧面的画法

①标出9等份，绘制出头部、脖子、人体动态线、肩线、腰线和臀线，然后用火柴人的形式简单标识躯干和四肢。要时刻观察身体重心是否稳固。

②加上四肢体块，注意3/4侧面角度的体块的透视变化。支撑腿在这个角度是以挺胸收腹的姿态往后坐的。

③完善身体曲线。

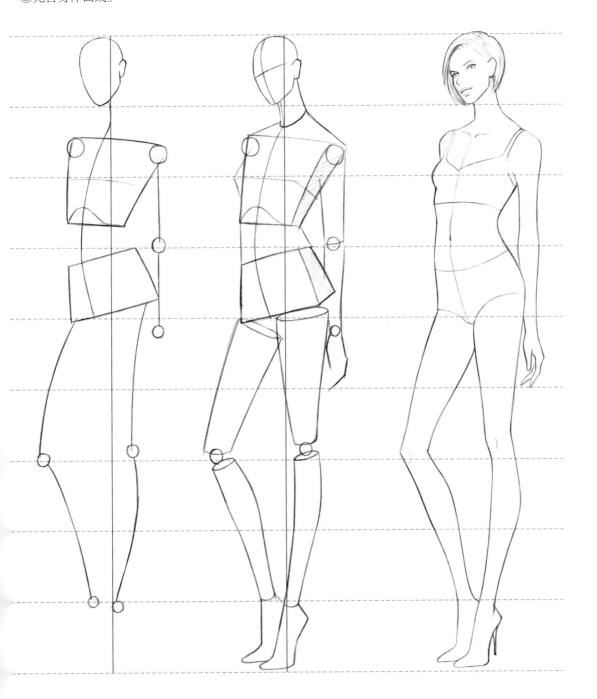

2.4.6 完整男性人体3/4侧面的画法

①标出9等份，绘制出头部、脖子、人体动态线、肩线、腰线和臀线，然后用火柴人的形式简单标出躯干和四肢。

②画出人体胸腔体块，注意3/4侧面角度的体块透视变化。跟女性的3/4侧面角度相比，虽然动态一样、重心一样，但是男性的姿态会比较内敛，胯虽往前推但臀部并未往后拉伸，所以上半身往后倾斜了些以保持身体的平衡。

③根据体块细化身体曲线，三角肌、二头肌和四头肌都不能忽视，抬起的手臂还要刻画弯曲时明显出的肘骨。

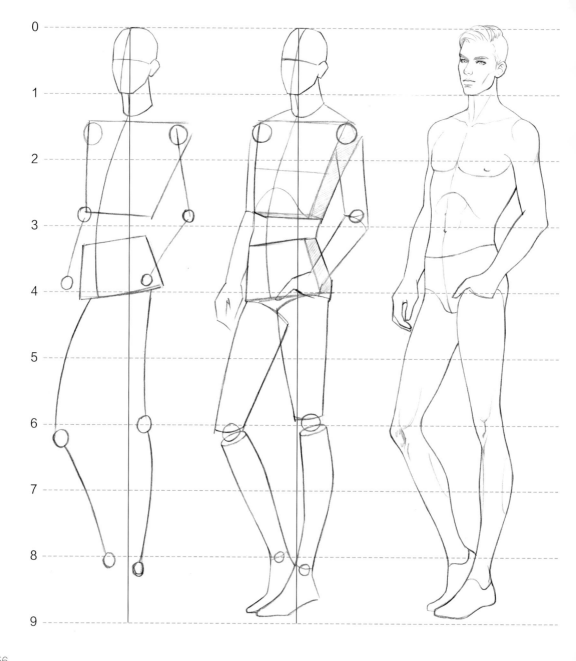

2.4.7　完整正侧面的画法

①标出9等份，确定肩线、腰线和臀线的位置，然后绘制出躯干的体块。

②当人体直立处于放松状态时，胸腔和胯部的体块会分别呈上扬和下倾的趋势，身体向前推出，腿往里收，腿部的曲线像一个弧度较大的S形。

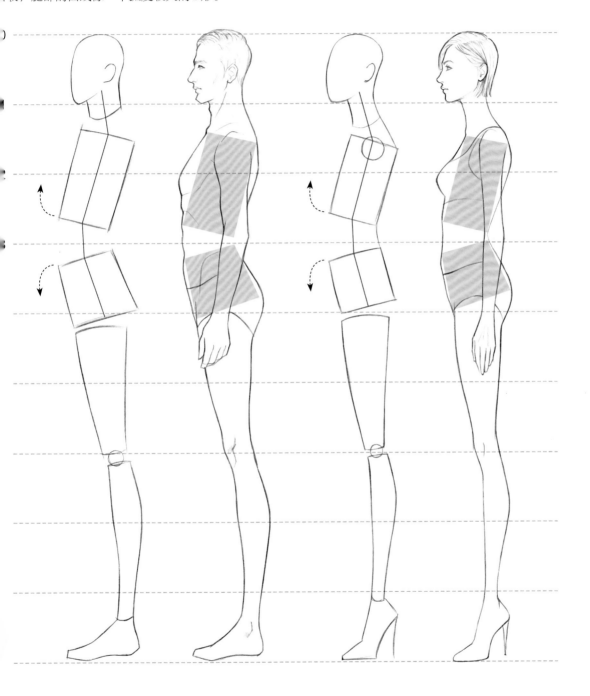

2.4.8　女性走路姿态的画法

①标出9等份，确定肩线、腰线和臀线的位置，然后绘制出胸腔和胯部的体块。

②当人体处于走动的状态时，伸出去的腿为重心腿，另一条抬起的腿由于胯部的倾斜而一同往下，因此膝盖骨的位置要低一些，且透视关系使小腿从正面看起来也像压缩过一样变短。

③虽然身体在运动，但是曲线跟正面比基本上没什么变化。

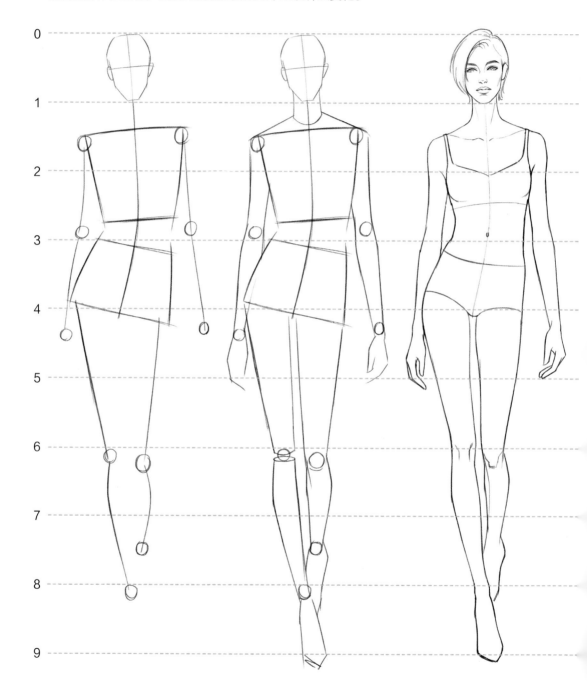

2.4.9　男性走路姿态的画法

①标出9等份，确定肩线、腰线和臀线的位置。然后绘制出胸腔和胯部的体块。

②男性在走路时不会像女性摇摆的幅度那么大，从他的动态曲线就可以看出来胯的摆幅是比较小的，还有一点不同就是抬起的腿是往外张开的，女人的腿则是往内收的。

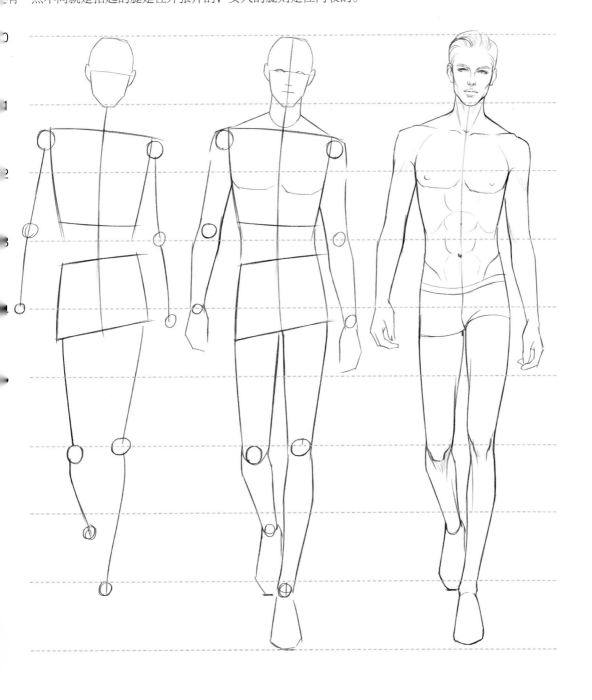

2.5
动态范本

我们可以把日常中用到的动态都收集到信息库作为自己的素材反复使用，并且
据需求在范本的基础上修改四肢或者动态的重心来延伸出一个新的动态，这样不断
习、不断积累，长此以往，对动态的掌握也会炉火纯青。

　　女性服装种类繁多，可妩媚，可俏皮，可复古，可优雅，再加上女性的身体的伸展性好，可塑造性
强，所以在设计的过程中可开发更多的动态。

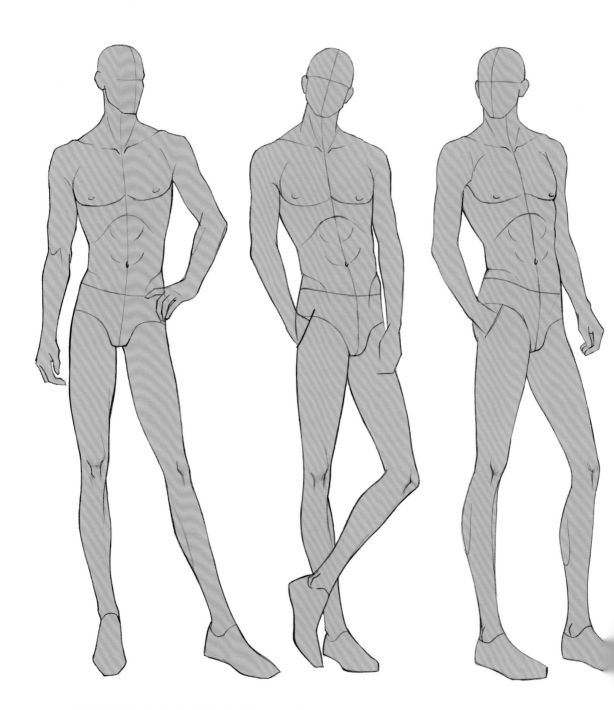

男性服装相对于女性来说更加内敛和严谨，除了运
动类型，基本上动态幅度不大，所以设计几个常用动态
是非常实用的。

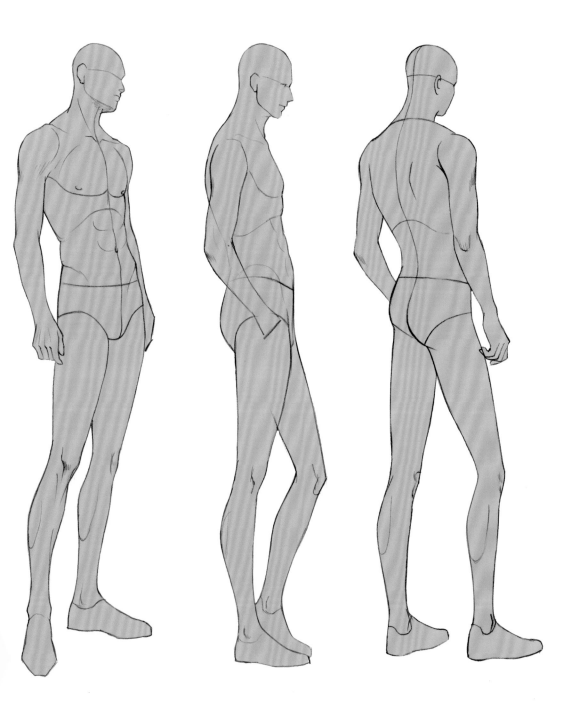

第3章

人体着装

服装褶皱的产生

习要点

装与人体的空间关系

皱的产生及画法

何正确地给模特着装

3.1

服装褶皱的
产生

　　如果说学习人体动态规律是为了让人物看起来舒服，那么画好褶皱就是为了衣服看起来舒服。褶皱的存在主要是各种外力的结果，影响它形状的主要因素有拉力、挤压力、身体外形、重力、风和服装材质。

　　衣服的褶皱是由人的身体运动产生的，也是遵循人的结构的，只要顺着运动的向，就能画好。在一个完整的人物造型上皱褶一般不会单独存在，而是根据模特身的动态走势，会由多个褶皱组合而成。

将大臂和小臂、大腿和小腿看成是可以活动
的两节圆柱体，当圆柱体发生弯曲时，关节
处会发生相应的褶皱变化。

.1.1　常见的褶皱类型

1.拉伸褶皱

拉伸褶皱是基于支撑点和衣服的缝合点出现的，多出现在腋下和胯部中间。在只有一个中心点的时候，褶皱呈放射状。对于柔软材质的服饰，褶皱的弯曲应当跟随形体走。

2.弯曲褶皱

弯曲褶皱实际上是拉伸褶皱的另一种形式，不同之处在于它是在手肘和膝盖弯曲处形成的，常见形态为放射性褶皱及少量回旋褶。

3. 交叉褶皱

交叉褶皱是同时存在两种支撑点或者闭合点的时候，在两者之间来回往复形成的Z字形的褶皱，一般会存在主要的走向和次要走向。多出现于大腿和上衣处。

4. 挤压褶皱

挤压褶皱源于挤压力，褶皱形态与交叉褶皱相似，呈相互交错的Z字形。它们的显著区别是交叉褶皱是向外的拉力形成的，挤压褶皱则相反，它是由产生波状褶皱的收缩动作（如贴紧腿部的长靴和向上挽起的袖子）造成的。

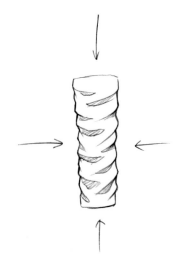

接点

支撑点

承接点

5. 悬垂褶皱

悬垂褶皱是在支撑点和地心引力作用下或利用织物的经纬纱向而形成的一种服装造型的外观，给简洁的造型增添了动感和华丽感。在只有一个支撑点的时候，在重力影响下面料自然垂落呈管状褶皱（图1）；在有两个支撑点的时候，布料往中间悬垂形成不交叉的Z字形褶皱（图2）。

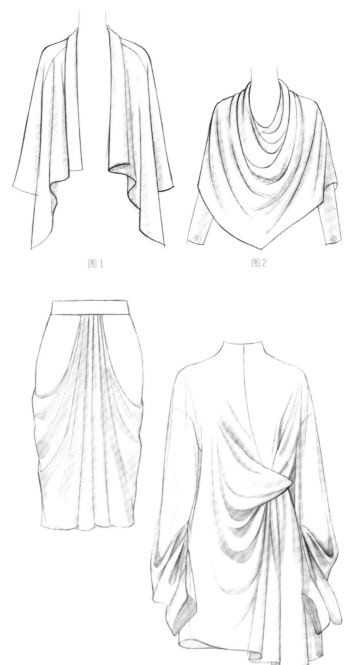

图1　　　　　图2

6. 波浪褶

　　利用材料的悬垂性和中心不平衡性，可以形成跌宕起伏的波浪形褶皱，从而赋予造型强烈的动感，动静搭配又给人一种和谐的美感。

7. 抽褶

抽褶是将服装某部分长度局限在较短的长度内，造成布料挤压和起伏而形成的褶皱，多出现在领口和裙身。这种褶皱的形态比较烦琐且细碎，会产生很多不规则的回旋褶。

8. 褶裥

常见的褶裥裙有百褶、箱型褶和风琴褶。百褶是一种将织物单向压褶的简单折叠方法，服装在经过压褶之后，往往会呈现出一种层次感和波浪感，褶皱形态工整且有规律；箱型褶的每个褶呈方箱型，立体感强；风琴褶是褶山像手风琴一样的褶裥，宽裙摆给人一种优美、轻快的感觉。

3.1.2　面料产生的褶皱差异

薄纱、丝缎等软面料　　　　　　　　丝绵、棉麻等较软面料

厚重提花等较
硬挺的面料

防雨TPU等
硬挺的面料

可以看出柔软的面料更易产生褶皱，大裙摆类衣服经常在末端产生波形弧度。越硬的面料，越不易
生褶皱，褶皱的形态锐利且长。

3.1.3　褶皱实例分析

当外部作用力小时

　　当人体处于静止状态或者动态幅度较小而对服装不产生外力作用的情况下，人眼看到的褶皱基本属于服装本身的结构设计。

　　例如左图的褶裥，是将面料挤压并固定在3个点，使这3个点肩、胯和腋下的衣料相互牵扯而形成大量的拉伸褶皱的一种设计。胯上的两点作为支撑点使下摆自然垂落，为服装增加了韵律感和设计感。

对于一些容易产生褶皱的面料，在用线条表现的过程中就需要有取舍，要分清楚哪些是属于结构本身的，哪些是属于外力作用的。

取：服装的轮廓线，以及结构与结构之间的区分线。

舍：布料本身特性产生的或者在作用力影响较弱的区域对整体结构没有影响的不明显碎褶。

取：左图的肩膀抽绳产生的碎褶和臀到腿的设计的不规则垂褶（黑线区域）。

舍：对整体结构没有影响的腰部碎褶（红线区域）。

右图的面料垂性强，剪裁利落，产生的碎褶少，基本上都是结构性的褶皱，所以只有腿部的基于缝合线产生的部分碎褶可做取舍。

.当外部作用力大时

在腰部两侧和肩部两侧支撑的情况下，胸前和
摆形成悬垂褶皱。

当人体运动时，除了服装本身的剪裁以外还要
虑作用力下的褶皱，尤其是拉伸褶皱和弯曲褶皱
四肢有运动的情况下极易产生。

抬起的肩膀与腰带，往前伸的右腿、胯与膝

盖，都形成密集且硬实的拉伸褶皱，再加上一个因
为腿部弯曲挤压而导致的回旋褶，而小腿部分的拉
伸褶既有拉伸力又有惯性作用力。往后的左小腿弯
曲，产生了弯曲褶皱和膝盖到小腿肚的拉伸褶皱。
在重力作用下的宽裤腿自然下垂。

腿内侧到伸出去的膝盖处有
量拉伸褶皱，基于缝合产生
细碎拉伸褶可适当舍去。

很显然，在坐姿的情况下，胯与膝盖、腋下与手臂必然产生拉伸褶皱及弯曲褶皱。肩膀作为支撑点会产生少量的垂褶。

右图中，肩膀、手臂与后面束紧的腰带之间，抬起的胯与膝盖之间，都形成了大量的拉伸褶皱。手臂的弯曲产生了弯曲褶皱。

3.2
服装与人体的空间关系

　　服装是以人体为支撑穿在人体上的，而人体表面是凹凸起伏又存在体型差异的影响服装与人体空间关系的除了本身的服装结构之外，还有面料的质感，以及人体动态与静态。在绘制设计稿时，要时刻考虑到这些因素带来的空间变化。

　　当人体站立时，重力的作用会使面料自然地随着人体结构的外形线条向下垂落当人体运动时，面料在关节的部位（如肘部和膝盖等）是贴紧身体的，而乳下、腰和裤口等部位则处于空荡状态。

静态时

　　不管是人体处于动态还是静态，修身款的服装都是紧贴身体的，几乎没有多余空间，并且在活动关节处会形成褶皱。

　　服装与身体之间几乎没有空间，当然也跟面料本身的轻薄材质有关。

　　宽松款的服装会受重力影响顺着身型垂下。

　　除了肩膀这个支撑点以外，服装与身体之间的空间都比较大。

款式本身不退，但由于两掌开，受支撑影响的部分自尤绷紧了。

腰部作为一个支撑点和活动关节，在它扭动时，靠近此处的衣服会紧贴身体。

由于重力和服装款式本身宽松，袖口和裙摆自然垂落。

当人体处于不同的动态时，同样款式的服装所产生的空间也会有所不同。

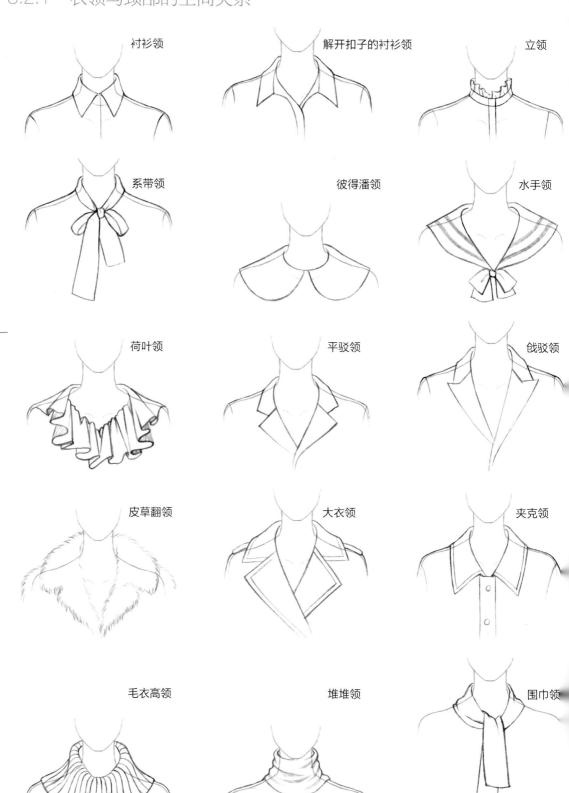

衬衫领

解开扣子的衬衫领

立领

系带领

彼得潘领

水手领

荷叶领

平驳领

戗驳领

皮草翻领

大衣领

夹克领

毛衣高领

堆堆领

围巾领

3.2.2　袖子与手臂的空间关系

短喇叭袖　　　长喇叭袖　　　荷叶袖　　　多层荷叶袖

重力作用下产生的空间

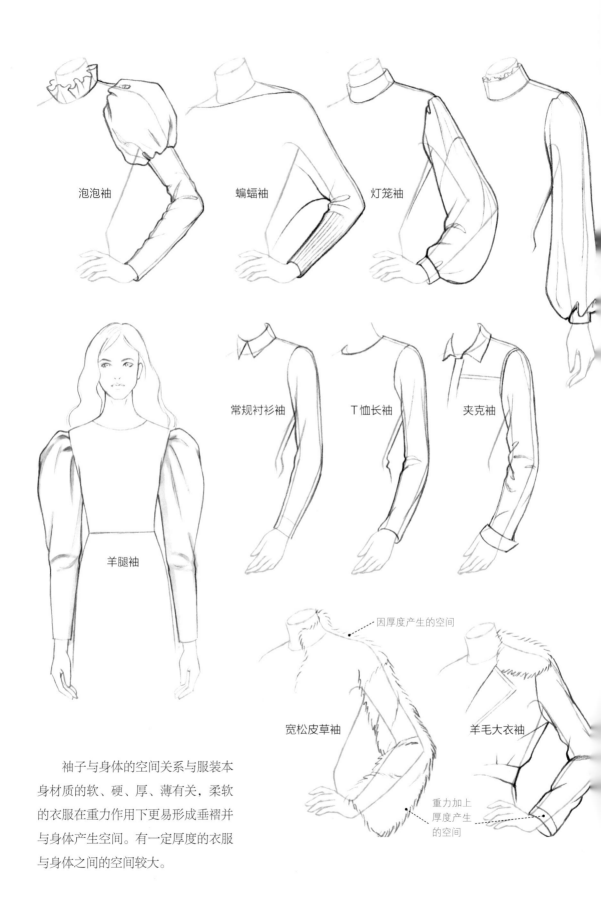

泡泡袖

蝙蝠袖

灯笼袖

常规衬衫袖

T恤长袖

夹克袖

羊腿袖

因厚度产生的空间

宽松皮草袖

羊毛大衣袖

重力加上厚度产生的空间

袖子与身体的空间关系与服装本身材质的软、硬、厚、薄有关，柔软的衣服在重力作用下更易形成垂褶并与身体产生空间。有一定厚度的衣服与身体之间的空间较大。

. 常见上装的画法——衬衣

下摆扎进裤子后，腰
间一般会鼓出一个活动后
形成的褶皱。

常规衬衣的胸部到胯
会形成一个拉伸褶皱。

抬起手臂时，腋下与腰部会
产生拉伸褶皱，衣服扎紧后会在
腰带上方产生细小的回旋褶。

立领衬衣

荷叶边大翻领衬衣

系带领喇叭袖衬衣

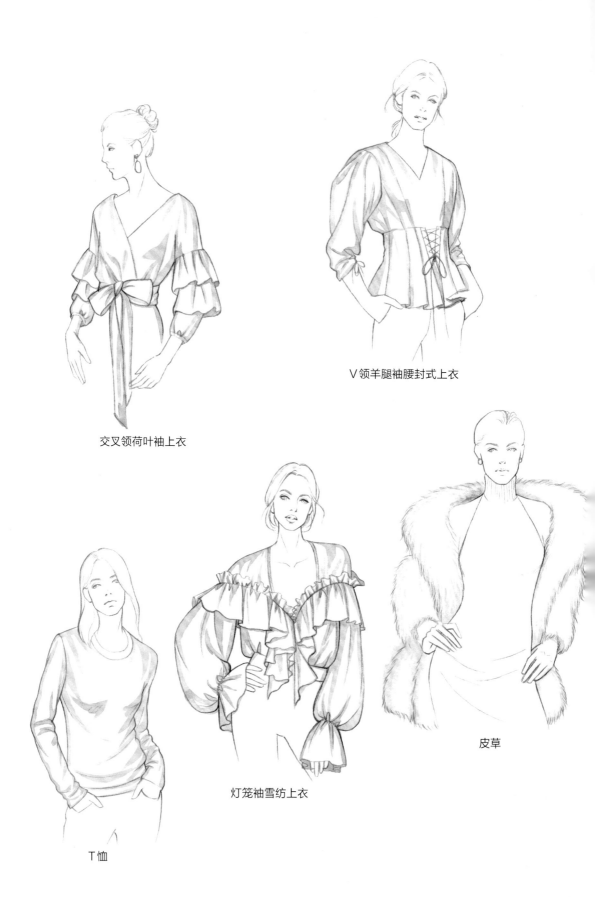

V领羊腿袖腰封式上衣

交叉领荷叶袖上衣

皮草

灯笼袖雪纺上衣

T恤

常见外套的画法——夹克

　　夹克作为一种轻便、活泼又富有朝气的款式深受年轻人的喜爱。常见的有皮夹克、牛仔夹克和棉夹克等。就现在而言，夹克也是一种时尚单品，简单搭配一条牛仔裤或短裙就很时髦。

飞行员夹克，双手插兜的造型更显轻松、休闲。

皮衣的材质一般都比较软，很容易形成细小褶皱。尤其是腋下、肘部这些关节位置，极易产生拉伸褶皱、挤压褶皱和弯曲褶皱。

3. 大衣

大衣一般比较柔软且厚实，尤其是修身款的大衣不易产生褶皱。而廓形较大的款式，会因为面料之间的挤压堆积而产生褶皱。像左图的系带收腰大衣，腰带向里缩紧，布料之间挤压产生大的回旋褶。

干练优雅的

当你想要露出大衣里面的搭配细节时，可以选择敞开穿着的造型，将一边的衣服别到身后。细节上的差异也会给人带来视觉上的微妙不同。

摩登妩媚的

3.2.3　裤子与腿部的空间关系

. 紧身裤

　　紧身裤紧贴身体曲线，几乎没有多余的空间，所以容易起皱。站立时，褶皱主要在膝盖处，如果裤子较长，则会在脚踝处形成堆叠从而产生褶皱；当腿部产生动态时，胯部和膝盖处形成明显的拉伸褶皱和弯曲褶皱。

2. 阔腿裤

阔腿裤比较肥大，与腿部能产生较大的空间。当站立时，重力作用使阔腿裤的线条是垂顺的，几乎没有褶皱；当腿部发生动态时，伸出去的那条腿始终贴近布料，相反的那一侧就会产生大的空间。

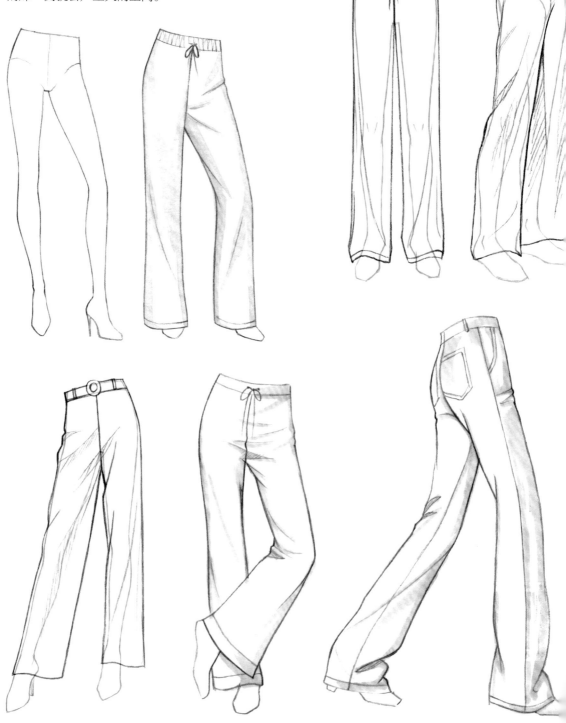

行走姿态时，除了考虑腿型外，还要考虑
腿部快速走动的惯性作用下向前翻飞的裤腿。

3. 西装裤

西装裤搭配西装外套作为正装多出现在正式的社交场合。正装西装裤的面料软，但上身笔挺，款式合身、得体，但又能给予身体一定的活动空间。裤型基本呈直筒状，与紧身裤相比，裆部及腿部更有余量；与阔腿裤相比，整体不会过于宽大，且更能体现身型。

商务套装

休闲装

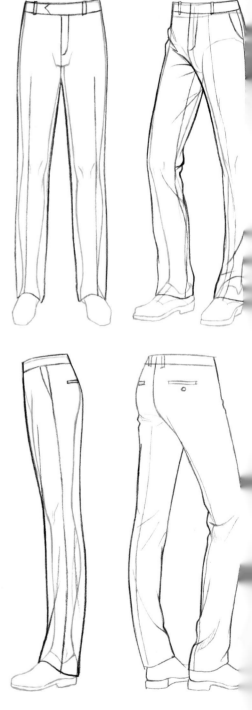

商务型的休闲裤面料和款式比较多样，适用于日常的通勤、聚会甚至度假等，不同的搭配会给人一种不同的视觉感受。例如，9分休闲裤搭配敞开穿着的休闲衬衫，卷起袖口并带上墨镜，整体造型就很有度假的感觉；搭配休闲西装夹克的轻商务风格显得轻松但又不会过于随意。

.2.4　裙子与腿部的空间关系

不同款型的裙子与腿部的空间关系不一样，而间关系会直接影响到腿部的动态语言。对腿部动影响较大的常见款式按廓形分大致可以分为窄摆和宽摆裙。宽摆的裙子有伞裙、A字裙和褶裙等。

A字裙的臀部贴身，腿部宽松，因此裙摆与腿部之间的空间较大。不同裙长对腿部的活动限制不太一样，及膝款比短款和长款对腿部的约束力更大一些，造型上可以选择动作幅度较小的动态。膝盖以上的短款和到小腿的长款在腿部造型上更多变。

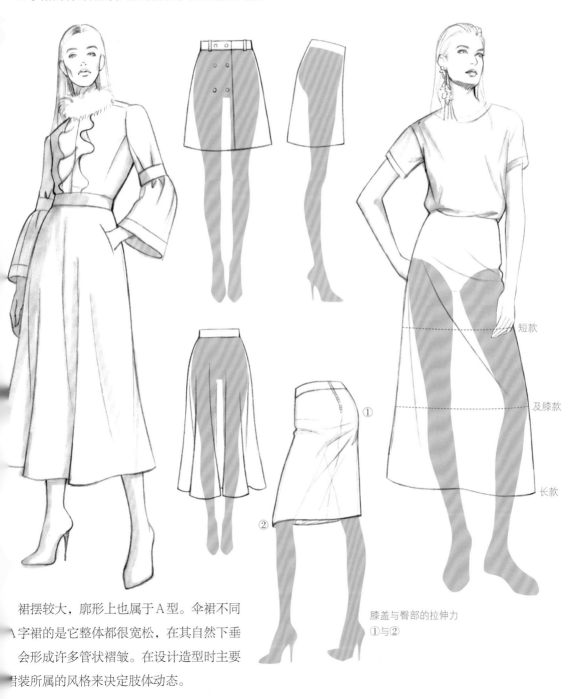

短款

及膝款

长款

膝盖与臀部的拉伸力
①与②

裙摆较大，廓形上也属于A型。伞裙不同A字裙的是它整体都很宽松，在其自然下垂会形成许多管状褶皱。在设计造型时主要据装所属的风格来决定肢体动态。

窄摆裙的整体与腿部的空间小。中长款窄摆裙考虑到活动量一般会用弹性的面料或者在裙摆上做开叉处理。这种裙子的款式贴身，所以在腿部活动时极易产生褶皱。尤其是较软的面料，细褶较多，硬挺一点的面料（如西装料）整体会顺直一些，褶皱较少。

后开叉

①

②

④

③

走动时，两腿会对裙子产生拉伸力，如①与②，③和④。

行走时，两腿间的面料会形成Z字形的褶皱。

长到脚踝的款式，面料有一定的弹性，当两腿分开时，会把裙摆撑开，裙子的边缘要表现出腿形。

.2.5 实例分析人体与服装的空间关系

01 step 要分析模特的动态，可以火柴人的方式将动态简化出来。

02 step 把火柴人的动态手动拷贝出来，然后按照9头身的比例将其优化，并加上人体曲线。

3 p 析褶皱。整幅造型中，比较明 的是腋下和胯下的拉伸褶皱，及肘部上的褶皱，同时不能忽 短靴上的挤压褶皱。

4 p 空间关系。整体服装厚度一 所以肩膀的空间小。袖笼比 大，有点类似羊腿袖，加上 外套是有点硬度的，并不会 纱那样在肘部自然下垂，而 跟着手臂抬起的动作鼓起来。

最终效果图

此款斗篷呈A形，从上动态幅度不大，无外作用力，所以整体都是下自然垂落的形态。值得注意的是，从袖口穿插出来的两臂要与藏在衣服里的上臂自然衔接。

按照上述"先体块，后曲线，最后加衣服"的步骤将两款造型临摹下来。

此款服装较宽松，与身体之间的空间较大。但往前伸的腿部与胯部的拉伸会形成拉伸褶皱，作为支撑点的膝盖会贴紧布料，腿后部的面料在重力作用下自然垂下。肘部会形成弯曲褶皱。

总结：对于完整的造型来说，人体是最基本的，了解了人体的态语言和服装褶皱形成的原理后，更容易掌握人体与服装之间的空间关系。

人体着装——连衣裙

分析款式：复古、优雅，开叉的裙摆多了几分洒脱。

造型设计：尝试简单的本语言，内敛但不乏气场。流低马尾加同色系耳环及手套都能带给人一种简洁高级的时尚感。

01
step

先设计一个合适的人物动态，确认动态是否协调、自然。

02
step

在人体基础上添加衣服，胯部作为支撑点，裙摆自然垂下。

03
step

擦除多余线稿，保持画面整洁。

04
step

着色完成。

分析款式：利落、干练，是高开叉的剪裁又赋予了妩媚和懒惰的气质。

造型设计：不妨大胆一让腿伸出去，并从开叉逢隙中露出来。大大的太竟和波浪卷则更能给妩媚造型加分。

01 *step*

先设计一个合适的人物动态。

02 *step*

在人体的基础上添加衣服，高开叉的地方要注意裙摆在重力作用下是自然下垂的。

 擦除多余线稿，使画面整洁。

04 step 着色完成。

02 step

在人体基础上添加衣服。灯笼袖比较宽大，抬起手臂时肘部作为支撑点，重力作用下袖摆也会自然下垂。

　　分析款式：大大的灯笼和高腰大裙摆决定了它的皮风格。

　　造型设计：可以活泼一，叉腰和交叉腿都能表达皮的感觉。在表情和发型些小细节上也要做到与肢语言的统一。

01 step

设计合适的动态造型，查看肢体语言是否和谐。

03
step

擦除多余线稿，保持画面整洁。

04
step

着色完成。

服装面料的
表现

色彩属性
关于上色方法
关于肤色
服装面料之完整着装效果的表现

习要点

彩属性与调色方法
解不同面料质感的
装如何刻画

4.1
色彩属性

色彩的基础知识在后期上色的过程中至关重要，取什么色以及怎么调色都会影响到服装的质感表达的准确度，配色的舒适度。要得到好的效果，需要先理解各种颜色之间的关系，例如在色环上黄色、橙色、红色被定义为暖色调，另一半绿色、蓝色、紫色为冷色调。我们在绘画时通常会追求画面的冷暖搭配以达到视觉上的平衡，比如在画一个以暖色调为主的脸部时，一般会在阴影的位置加入冷色调调和来丰富画面。

由于时装画的主体是人和服装，描述对象比较固定，因此抛开客观的妆发，以及服装本身的设计和环境光的影响，调色时较为常见的方法就是使用邻近色。邻近色通过不同的比例调和能让画面丰富的同时又给人稳定、和谐的感觉。

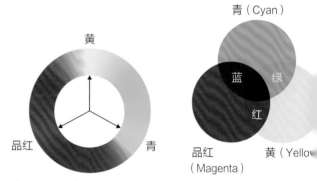

学术上将黄、品红和青称为消减型三原色，从调色实践结果来看，这种颜色更容易调出红、绿、蓝等颜色。

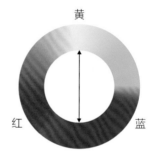

在美术上，普遍认为的补色原则两个颜色调和变灰甚至变黑，比如黄和紫，红和绿，即色相环上相的两个颜色为互补色。所以艺术们通常以红、黄、蓝作为三原色进行颜色搭配。

邻近色的色相近似，在色环上夹90度范围以内，如黄、橙和红、蓝和紫。

调色是一件很有意思的事情，而且好的色感需要不断地进行色彩分析和调色练习。

色彩三要素包括色相、明度和饱和度。

1. 色相

色相是指色彩的相貌，也就是人眼能感受到的红、橙、黄、绿等颜色。注意，每一种色相可以呈现许多种明度和饱和度的颜色面貌，如浅红、朱红、深红、土红等都属于红色。

2. 明度

明度指的是色彩的明暗程度，颜色越接近白色，明度就越高；颜色越接近黑色，明度就越低。任一掺入白色就会提高该色的明度，掺入黑色就会降低该色的明度。

3. 饱和度

饱和度又称为纯度，是指颜色的鲜艳程度。饱和度越高，颜色看起来就越鲜艳。当一种颜料掺入白色、黑色或其他颜色时，饱和度往往会降低。图中展现的是由灰色到红色的过渡。

4.2

关于上色
方法

　　虽然说色彩的运用是非常主观的，但是面料的上色方法差别不大，这里借用素描思维结合水彩的特性归纳了一个三层色彩法，更加理性地去分析色彩怎么叠加才能让表现的物体更美观、真实。大家也可以根据这个方法举一反三。

4.2.1　上色步骤

　　在表现一些服装细节，增加立体效果时可以运用一部分素描的方法，先找出大致的光源，确定受光面和背光面所占的大概比例，并以此为原则设立一个简单的"三层色彩法"。第一层为受光面，即物体最亮的部分；第二层为固有色，属于中间调；第三层为背光面，是最暗的部分，也就是阴影。

物体固有色

受光面

背光面

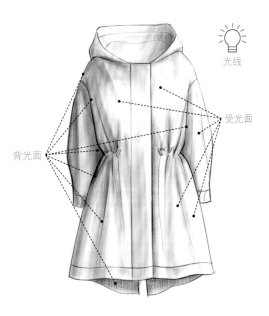

光线

受光面

背光面

用浅蓝色作为第一层色平铺。留出高光部分（一些反光面料例如皮革绸缎等易出现强高光，可以在上第一层色时做好这部分的留白）。

用服装的固有色作为第二层颜色顺着褶皱涂抹，确保光源准确。

刻画阴影，使服装效果更立体。阴影基本集中在腋下和抽绳形成褶皱的结构处。

4.2.2 调色

我们描绘一件物体时，在它是个独立的物体，并且不考虑环境光和灯光等因素影响的情况下，它的色彩本身就是单调的。根据水彩的特性，让一个颜色变浅的最直观的方式是加水调和，让颜色变暗就加黑色。为了让颜色看起来产生了一些微妙的变化，可以在受光面和背光面的取色上做点小尝试，即使用类似色或者同类色来区分它的明暗、深浅。

取色方法是在颜料盒里找出颜色相近的色相，再挑选合适的明度和饱和度。例如下图的包的固有色是土黄色，这时描绘它的受光面需要一个浅亮的黄色，在保证纯度的同时提高它的明度，而颜料盒里土黄色的类似色有柠檬黄、铬黄和熟褐等。柠檬黄的明度最高，所以与土黄色能调出一个更浅的颜色。如果调色盘里没有描绘对象的固有色，就可以将多种颜料按照一定的比例调和作为固有色，再确定它的受光面和背光面的颜色。

相同的道理，背光面需要一个更深的黄色，而熟褐保持了一定的纯度，颜色又比较深（明度低），与土黄色调和能使颜色变暗，想要更暗一些的话可以加少许灰棕色。

土黄的相近色（按明度排列）

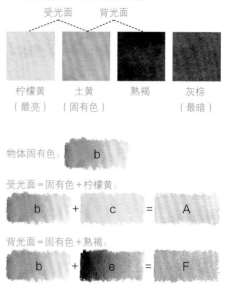

受光面　背光面

柠檬黄（最亮）　土黄（固有色）　熟褐　灰棕（最暗）

物体固有色：b

受光面＝固有色＋柠檬黄：

b ＋ c ＝ A

背光面＝固有色＋熟褐：

b ＋ e ＝ F

水彩有透明性，颜料无法覆盖，所以要从浅色画起。先用A色平铺。留出高光部分。

光源在上方，所以包身是背光面，用固有色轻轻画出包的阴影。注意褶皱导致的光影转折变化。

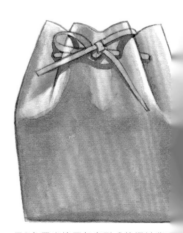

用B色画出挤压包身形成的褶皱背光的部分，直接用熟褐色刻画抽带的阴

4.3
关于肤色

常见的肤色可以笼统地分为深肤色和浅肤色，二者的着色方法基本是一样的，不同之处在于取色稍有不同，且在画面的取舍上稍有区别，比如浅肤色可以不画底色，直接用白底做高光色，然后铺阴影或者依靠服装色来衬托。深肤色本身有较强的存在感，所以一般按照常规的步骤来表现。

3.1 浅肤色

我常用暖调肤色，用土黄色加少量的红色和水调和作为第二层颜色，即固有。可以加少量群青色让肤色偏冷一点，至于饱和度太高，色彩看起来也更清，但要注意色彩的比例。第一层颜色是光面使用固有色加水调和。如果习惯直为皮肤高光留白，上色时就直接绘制第层颜色。第三层阴影色用固有色加熟褐调和，如果觉得不够浓重，可以加灰棕降低明度和纯度。

01 step

平铺第一层肤色。

02 step

上第二层颜色的时候要表现光源的同时还要体现人体结构。

03 step

第三层阴影色要加强明暗对比，使整个造型更立体。可适当勾线使轮廓更明确。

皮肤固有色：

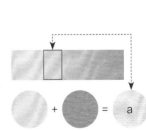

受光面＝固有色＋水：

a + 水 = b

背光面＝固有色＋棕色：

a + c = d

4.3.2 深肤色

深肤色和浅肤色的调色原理及上色步骤是一样的，不同的是固有色的选择。例图中的小麦肤色使用了土黄色、熟褐色和洋红色，以熟褐色为主基调，少量的土黄色及洋红色调和作为固有色。高光色以固有色加水之后还少量添加了土黄色，目的是不让肤色看起来暗淡。最后上阴影色，为了降低纯度和明度，加了熟褐色、洋红色及少量的灰棕色。

皮肤固有色：

受光面＝固有色＋土黄色：

背光面＝固有色＋深红色＋棕色：

4.4

服装面料及完整着装效果的表现

刻画面料是一件非常有趣的事情，同样的画笔和颜料运用不同的笔触模仿光影变化就能画出不同质感的服装。纱的飘逸、皮革的硬朗、天鹅绒的柔软，面料本身的质地就决定了下笔时的轻重缓急。在画之前我们可以从三个方面观察这些面料的特性，一个是褶皱线，硬挺面料的线条利落、爽快，柔软面料的曲线较多；一个是外轮廓，例如皮草的轮廓线是不规则的四处散开的短线条；最后是光影，像皮革和绸缎这类易反光的材质通常会有强高光，明暗对比强烈。所以只要找出每个材质的特点，再着重刻画就容易很多。

4.4.1 薄纱面料服装造型的画法 1

纱具有一定的透明性，这与水彩的特性不谋而合。需要注意的是，服装叠加的层数较少时，颜色通透，需要薄涂，切勿将第一层颜色涂得过深；服装叠加的层数较多时，颜色浓重，可以厚涂，但是重叠的区域最好一片一片去刻画，做到下笔有数。

3 片同等透明度的纱

叠加之后可以看出 3 片重叠在一起的部分的颜色最深

01
step

用铅笔大致画出人体体块，确保动态自然，重心稳。

02
step

擦浅底稿，在体块的基础上刻画五官细节和服装廓形。纟
较轻薄，人体走动时，服装的外轮廓具有飘逸感，大大的
摆层层叠叠，边缘会形成许多波形的弧度。

04
step

多余线稿，添加服装褶皱。注意保持画面整洁。

平铺第一层肤色。纱的透明性会透出底下的肤色，所以肤色
可以整体均匀平铺，然后大致画出脸部和身体的阴影。

等颜色完全干透后，将黑色颜料用水调浅，用吸水性好的画笔快速平铺薄纱的第一层底色。

平铺发色，刻画薄纱的层次感。第二遍叠色跟着褶皱线为求层次分明，纱需要一片一片去刻画。手臂和腿部只有装前片的覆盖，重叠的层次较少，所以仍会透出底部的色，靠近肢体的部分有服装后片的重叠，会显得颜色较

7
步为波浪卷发和薄纱添加层次感。重力会使裙摆多层重
叠中在腿部附近，所以此处颜色比较深。越往外，层次越
高，颜色就越通透。

08
step

完善妆发等整体细节，加深明暗对比。画出衣袖上的蕾丝花
纹，将整个裙摆的边缘用勾线笔勾勒一遍，加重叠加的每片
纱的轮廓线，能增强透明感和空间感。

4.4.2 薄纱面料服装造型的画法2

01 step

完善皮肤细节之后用浅灰蓝平铺第一层纱。

02 step

绘制第二层纱时力求体现透明感，具体体现在3处：第一处是叠加在皮肤上的几缕纱，透出肤色；第二处是靠近腿部的深色纱与第一层浅色纱的明显对比；第三处是肩膀与袖子部分跟着线稿走的第二层纱与第一层纱的对比。

03 step

增强层次感。用浓度高一些的灰蓝色给肩袖添加三层纱，荷叶领要透出底下的竖纹纱，更显透明在绘制下身服装时要先用第三层色画出短裤之后刻画腿前的纱，裙摆的颜色越往里越深，能让视觉上感受到一层一层纱最终垂落聚集在腿部周

05
step

完善细节。沿着胸前的起伏画出衣服
上的文字。最后加强一下鞋带与脚的
明暗关系。

细节。为了让纱的透明感达到极致，可以给每一缕纱适
边。在给裙摆增加层次时，适当留出一些只上一层色的
，整体看起来就更显朦胧的美感。可以看到，裙摆的最
是最透明的，包括拖在地上的部分。

4.4.3　蕾丝与纱的服装造型的画法1

　　越来越多的时装款式将蕾丝和薄纱结合起来，让款式看起来更加性感和优雅。白纱和黑纱的绘画原理差不多，但是画法有少许不同。在背景色为白色的情况下，白纱的固有色靠留白表现出来，只需要刻画阴影部分。黑纱的颜色沉，可以一层层叠色来表现它的透明感和层次感。

　　镂空的白色蕾丝需要用肤色来填满镂空部分以突出留白来表现，而黑色的蕾丝则直接在皮肤上绘画。

01
step

画出大致的人体体块。

02
step

将底稿擦浅，在体块基础上绘制服装
廓形。

03
step

完善服装细节，添加衣服褶皱。
为胸前镂空蕾丝拼接白色纱。蕾丝
出大致花型即可。

这些镂空其实就是花朵与花朵之间的空隙，所以前面画线稿的时候要做到心中有数。

05 step

完善五官细节，为肤色加阴影。用深色肤色点出一些小局部来填满胸前蕾丝的镂空部分。腿部既要画出固有阴影之外，还要画出被白纱褶皱掠过时留下的阴影。两种阴影用同种深色肤色表现即可。

第一层肤色，由于胸前的蕾丝还一些纯白色的勾花，没有裙身那么，因此此处微微透出来的肤色要肤色更浅一些，颜色不要全部铺略微带过即可。

06 step

白纱的透明度较高，无需固有色，而是直接用浅灰色来表现白纱的阴影。阴影基本上按照褶皱线走。给胸前加上黑色和紫色的立体花朵，再加上波点蝴蝶结头纱和绑带凉鞋。

4.4.4 蕾丝与纱的服装造型的画法2

绘制好线稿。此款造型比较复杂的地方是裙身上的横纹要跟着人体的动态和服装的褶皱来变化，确保其符合动态规律，自然流畅。

02
step

细化妆容和四肢。

03
step

胸前和袖子部分的黑纱平铺颜色并□□阴影。裙身用浅黄色平铺之后再用□□色加深阴影。裙摆前有两个大的□□褶，上阴影时要注意将高光部分□□来，这样会让服装整体看起来更立□□

条纹的间隔处
黑色沿着里层
的轮廓填满，
一种外层纱
里面衬裙有两
的感觉。

05 step

用勾线笔画出胸前和手臂的蕾丝，然
后用黑色将条纹每间隔一条再描一遍。
在画到裙底的三条宽条纹时，要留出
上下两条边。

灰色一条条画出裙身的条纹，时
意它的粗细要均匀，每一条的走
有迹可循，然后为裙摆加上拼接
纱。

06 step

用勾线笔将大身的蕾丝勾勒出来。

4.4.5 牛仔面料服装造型的画法

通过不同的方法加工之后的牛仔面料呈现的外观可柔软也可硬挺，原料构成和制造方法等的不同，使牛仔面料摸起来的手感也不尽相同。我们经常穿的牛仔夹克外套和牛仔裤属于有一定厚度的款式，所以它的外轮廓线是比较硬朗的。

在绘画时要注意到牛仔面料的显著特点之一就是它的缝线和水洗边，完善了这两个细节可以使服装看起来更精致，效果更真实。

02 *step*

将体块的线条擦浅，在其基础上画出大致的服装轮廓。

01 *step*

画出人体体块。对于人体动态比较夸张的造型，最好先画出
体块和动态线。

124

3
ep

善线稿，保持画面整洁。此款牛仔连衣裙的细节
多，注意在领子和口袋的边缘加上缝线。

04
step

平铺第一层肤色。

06
step

完善五官和发型的细节，为服装添加第二层中间色。始终
注意，第二层颜色既要表现明暗，还要体现服装的结构。

05
step

为肤色添加阴影并刻画发型，然后平铺第一层服装的颜色。

126

07
step

增强明暗对比，用第三层深蓝色在结构处和褶皱处加
阴影，并用小号笔细致刻画衣领、口袋的缝线以模
拟水洗边的效果。最后完善发型，以及耳环和腰带等
部的细节。

08
step

画出内搭短裤和长袜高跟鞋。注意短裤的格纹是贴着身体走
的，它会跟着往后伸的腿部拉伸。可以适当勾轮廓线，使结
构更明确。

4.4.6 皮草面料服装造型的画法

要表现出毛发的特性，主要体现在皮草的轮廓线上。例如像狐狸毛这种比较长的毛发，绘画时应用柔软的长线条来表现蓬松的感觉，而貂毛的轮廓线则用不规则的短线条表示。水彩的优势就是可以利用湿画和渲染的方法来表现皮草柔软和毛绒绒的特点。

01
step

用铅笔画出大致人体体块，用柔软的
长线条大致画出皮草廓形，这样固定
好路径方便在画毛边时不走形。

02
step

画好人体曲线后，按照皮草曲线路径
用短线方式画出皮草的外观，注意线
条的走向是朝着多个方向的，切勿画
成僵硬的平行线。平铺第一层肤色，
大致表现出明暗关系。

03
step

用浅土黄色平铺第一层皮草的颜
趁第一层颜色未干时与阴影色自
相互晕染在一起，以表现皮草柔
质感。此时明暗关系基本上也出来

05
step

加强明暗对比的同时，也要照顾到中间调的和谐，即在明暗衔接的地方用中间色自然晕开，然后用勾线笔适当加上细小毛边。

色、熟褐色与灰棕色调和作为阴
来加深袖里和衣服内里的阴影。
皮毛效果更逼真，可以用阴影色
口和衣摆处增加一条纹理线并用
的湿笔晕开。

06
step

完善细节，继续用小号笔在轮廓边缘勾出深色短线，然后在受光面混合白色勾出浅色线来表现毛发的质感，使整体更蓬松。给模特加上黑色礼服裙，用少量白色颜料在礼服的胯部和腰部画出褶皱，增添丝绒质感。

4.4.7　皮革面料服装造型的画法

皮革的材质紧密，有韧性，光泽感强。在绘画时，注意高光需要靠留白技法实现，下笔前就要确认好留白的区域以免绘画时不小心覆盖。留白形状是否自然决定了最终效果是否美观。真皮材质的高光和暗面的过渡比较自然，反射的光线也柔和。

想要表现写实效果，可以采用湿画法将高光和暗面晕染衔接起来。写意表现可以用干画法，下笔干脆、利落，使高光与暗面形成边缘明显的区域，包括高光部分形成折射区域的笔触都很清晰。

01 step

用铅笔画出人体体块。时刻注意人体动态是否自然。

02 step

擦浅底稿，画出服装的大致廓形。皮革的褶皱及服装轮廓应画得硬朗些，切勿画成柔软的针织面料。

03 step

擦除多余的辅助线、褶皱等细节，保线稿干净整洁，并刻画好肤色。

让整个服装的光泽感更为自然，
给它平涂第一层浅灰色作为高光
若选择纯白色作为高光，这一步
省略。

05 *step*

绘制服装的基本色。在下笔前要确认
好高光的留白位置，以免上色过程中
被不小心覆盖。在宽腰封和领子的位
置，趁纸面未干时将亮面与暗面的边
缘用干净的湿笔自然融合起来。

06 *step*

添加项链和皮鞋网袜的细节。加强明
暗对比，使整体效果更为立体。高光
区域若不小心被覆盖，可以用白色颜
料适当提亮。

4.4.8　针织面料服装造型的画法

　　针织面料通常较柔软，轮廓线和褶皱要用有弧度的曲线来表示。由于织法和花型不同，因此在表现纹理时，应按照其具体的织法路径来画。以时装周上常见的麻花和螺纹这两种织法为例，螺纹的织法都是一根根垂直向下的，所以用线条即可表示；麻花就需要画出花型，中间的正针可以用简单的小波浪线表示。

03
step
擦除多余的辅助线，整理好线稿
绘制肤色和发色。

02
step
完善人体曲线，擦浅线稿，画出服装
大致廓形。毛衣面料属于马海毛，在
毛织之间穿插了稀疏的短毛，所以上
衣轮廓要像画皮草一样用短线表示毛
绒的外观。

01
step
绘制人体体块动态。

06
step

仍旧使用干笔将拼接图案擦出来，由于图案也是针织出来的，因此它的轮廓看起来不能是平滑的，要表现出毛边效果，可以用彩铅辅助做细节。

05
step

使用枯笔法将大身的粗条状纹理用同色系深色擦出来，然后用勾线笔在轮廓处勾勒毛边并绘制出领口、袖口和下摆的螺纹。加深薄纱的重叠区域的颜色来表现面料的透明质感。

发型细节，平铺第一层针织和薄料的颜色。

4.4.9　天鹅绒面料服装造型的画法

天鹅绒的绒毛或绒圈紧密、耸立，光泽感强，且高光都集中在轮廓线和褶皱线上。其材质柔软，褶皱要用柔软的长线条来表示。在质感表现上可以用彩铅或者蜡笔来刻画高光区域，以产生颗粒状的纹理质感。

平铺皮肤的颜色，然后刻画好脸部细节。

绘制好线稿，保证画面整洁。

04
step

给裙子加上阴影。天鹅绒的面料有一定的光泽感，这种光泽大部分都集中在服装的轮廓处。在绘制第二层的中间色时要留出亮的部分，并且与第一层颜色融合好，也可以借助彩铅来增加肌理感。

构绘制出完整的发型，此款服装的结构较多，可以以□的形式一块块平铺第一层的服装颜色，留出装饰的金□部分。也可以用留白液先将装饰部分覆盖，再整体一□铺满第一层的服装颜色。

深入刻画金属装饰条。先用浅金属色涂满条状区域，据光影以颜色深浅将明暗区分出来，此时的金属条就一根有光泽的缎带一样。再用裙子的阴影色以画横矩的方式将金属条切割开来，营造出一种类似拉链锯齿的效果。

05
step

用深肤色表现出腿部结构，然后一层层刻画随着腿部动作飘动的拼接薄纱。加强裙子的明暗对比，丝绒的阴影色相对于亮面来说比较深沉，在高浓度的蓝色中可以加一些黑色进行调和来降低明度。在明暗衔接处仍可借助干笔来摩擦出肌理感。

4.4.10　丝绸面料服装造型的画法1

　　丝绸多用来制作礼服和高级成衣。丝绸面料垂顺
滑，光泽柔和、明亮，色彩鲜明，明暗对比强烈。在
画时，要注意控制好明暗反差与衔接，使其过渡自然
更显光滑感。

03
step

擦除多余的辅助线，保证画面整洁。
平铺裙子和皮肤的第一层颜色。

1
o

人体体块。

02
step

擦浅底稿，画出五官等细节，在体块
基础上绘制出服装廓形。

05
step

在裙子前部和后部两个明显的大管状褶皱处渲染暗部和高光的交界，使其过渡自然，更具光滑感。用深色顺着褶皱方向加强阴影边缘，注意不要覆盖反光部分。

04
step

完善头部细节。确定好裙子的高光位置，在刻画阴影的时候将高光留出来。腰间和胸下方因拉伸力会产生一些细小褶皱。

06
step

用金属色和深红色以点画法□式画出钉珠形状，最后用高□或者白色颜料点出高光。

.4.11　丝绸面料服装造型的画法2

02 step

按照褶皱方向刻画阴影，前胸有衣料裹住胸部造成的放射性褶皱，裙身则有走动时两腿间的拉伸力产生的非常多的Z字形褶皱。

画完发型皮肤等的细节之后，平装的第一层颜色。为大面积铺时需要蓄水能力强的大号画笔，时候要一气呵成，切勿反复涂也可以按照服装的剪裁形式分铺，例如此款的前胸、裙身、这三大区域。

03 step

在结构处加深明暗对比，使结构更清晰，效果更立体。

4.4.12　豹纹面料服装造型的画法

　　对于花纹面料来说，一般是先把服装的结构明暗都表现出来，然后再将花纹按照褶皱及人体曲线画上去。而豹纹这种纹理的主要特点就在于它不规律的、不闭合的黑色描线上。

01
step

先画出人体体块，在体块基础之上画
出服装的大致轮廓。

02
step

完善服装细节，保证线稿的整洁。

03
step

给脸部和四肢上色，画出发型。粦
链的轮廓留白出来。

04
step

帽子填充颜色，并为裙子铺出第一
颜色，然后用第二层颜色画出大致
明暗关系。

05
step

完善帽子的明暗细节，画出不规则色
块作为裙子的豹纹的底色。

06
step

给色块做不规则的描边。注意它的轮
廓几乎是不闭合的。完善项链、鞋子
和丝袜等配饰的细节。最后将整体适
当勾线使轮廓更明朗。

4.4.13　亮片服装造型的画法1

　　亮片的形状有许多种，有些是圆形的，有些是几何形的，在刻画的时候，要画出它的立体感。要表现亮闪闪的效果，最重要的一点是亮片的明□关系，把握好受光面、反光面和暗面的层次就很□易出效果。点睛之笔则是在最后用白色提亮高光。

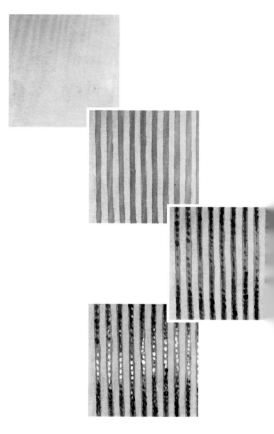

　　①平铺出整个服装的底色。

　　②依次画出亮片条。画在人体上时，要注意□特的身体曲线和透视关系。

　　③用点画的方式画出亮片的暗部，要注意□光线的位置来安排疏密。

　　④用白色颜料或者高光笔刻画亮片受光最□部分。

服装的上半部分缀满了钉珠，先用浅金属
色平铺颜色，再用点画的方式用深色一列
列点出条状的拼接区域，胸部区域不规则
点出即可。裙摆处要先用浅色平铺第一层
颜色，干后再大致表现出明暗。

画出脸部五官和发型细节。因为走动的
关系，左小腿大部分隐入重叠的纱中。

礼服的模特肩跨动态虽然不会太夸张，但
是要先把动态画出来后再添加衣服。

05
step

将每片纱的轮廓用第三层阴影色大致勾勒出来，然后用较深的金属色画出裙身不规则的钉珠。

04
step

加深腿部边缘的肤色，使人物的轮廓更明显。靠近腿部的裙摆用第二层颜色来加深，凸显层次感。

06
step

用白色颜料或高光笔将全身的钉珠点亮。

.4.14　亮片服装造型的画法2

02 step

在上色之前先用留白笔在裙子的受光
处的亮片的高光点画出来，再用红色
平铺裙子的和袜子的第一层颜色。

03 step

画出帽子的阴影和裙子的褶皱来强调
明暗关系，增强对比。

线稿之后，刻画出头发和皮肤。

04
step

笔尖蘸上足够浓度的深红色，挤去多余水分，然后用枯
笔法模拟出亮片的排列方式，也可以用勾线笔一排排点
画出来，效果更好。

05
step

擦掉留白胶，适当调整高光的位置。然后用留白法
透明短靴，注意高光的位置。最后完善金属耳环、
和手环等细节。

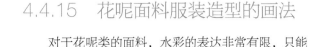

4.4.15　花呢面料服装造型的画法

对于花呢类的面料，水彩的表达非常有限，只能借助于其他的绘画工具，蜡笔和彩铅就是很不错的选择。彩铅的笔尖较细，可以处理间隔较细腻的纹理，例如线衣（图中的围巾和手套部分）；蜡笔则可以轻松处理大面积的粗纹理，尤其在刻画编织纹理的花呢上效果非常突出（袖子和裙子部分）。

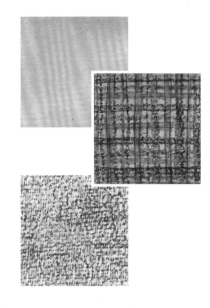

①平铺出整个服装的底色。

②此款编织结构纹理基本上是十字纹的，先用两色画出规律的横纹。

③再画出垂直竖纹，并用彩铅制造一些细线条的纹理，使层次丰富。

④这种是画花纱面料的时候直接用蜡笔平涂的效果，夹杂了一些彩铅的不规律的笔触，有长线，也有短线。

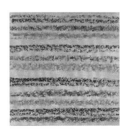

1. 图中的珍珠项链用留白液在衣服上色之前完成。

2. 大衣身使用彩铅刻画编织纹理。

4.4.16　格纹面料服装造型的画法

格纹也属于十字纹的一种。绘画时要在第一层理颜色干了后再画第二层颜色。在两种纹理相交的域可以单独再加深一遍，更有透明感和层次感。

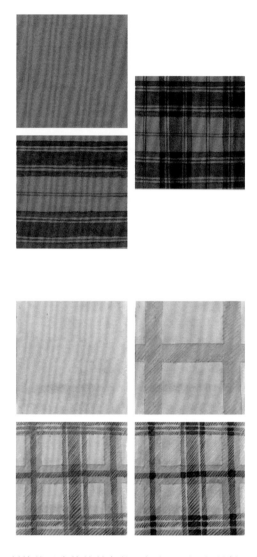

斜格纹是在格纹的条状画好之后再用细笔触画出纹，颜色要比条纹深一号且相交区域的颜色也要加

男装完整
案例示范

习要点

同风格男装的表现

法

5.1
度假休闲风格男装

02 step

细化造型。擦除多余的辅助线，为服装加上口袋等配件，并在胳膊、膝盖及胯部合理添加褶皱线。

01 step

在体块的基础上画出大致的服装轮廓。

03 step

平铺肤色和服装的第一层颜色，可做晕染效果，甚至可以留下利落的笔触。在靠近轮廓处适当留白，可以使整体看起来显得灵动又有生机。

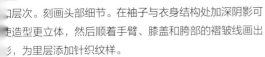

口层次。刻画头部细节。在袖子与衣身结构处加深阴影可
与造型更立体，然后顺着手臂、膝盖和胯部的褶皱线画出
⋯，为里层添加针织纹样。

加强牛仔裤的明暗对比，可以用同色系彩铅增强纹理感。给
衬衣平涂蓝色之后，用高光笔画出格纹，再给衣领、口袋和
皮带等加上明线。最后用勾线笔为整体适当描边，线条应有
轻重感。

5.2
商务休闲风格男装

在体块的基础上画出大致的服装轮廓。

擦除多余的辅助线，为服装加上配件和褶皱等细节。

在上色前用留白笔留出围巾上的浅色花纹，然后平铺肤色和服装的第一遍颜色。

细节。顺着褶皱线为服装大身添加阴影。擦去留白胶，
以围巾更浅一些的咖色涂满留白的区域，然后用橄榄绿画
小树叶的形状。用深灰色平涂裤子，在为皮鞋上色时要注
高光位置的留白。

05 step

刻画衬衫上的迷彩图案。然后顺着裤子的褶皱线画出阴影。
最后为造型描边使整体更明朗。

5.3
运动休闲风格男装1

01
step

用铅笔画出大致人体体块。完善露在服
装外的肢体曲线，并擦浅线稿，然后
大致画出服装廓形。此造型的层次较
多，要注意每件衣服之间的空间关系。

02
step

擦除多余的辅助线，完善服装款式和
褶皱细节。

03
step

平铺第一层肤色和服装基础色。□
的底色为白色，所以第一层色直接
阴影色。

04
p

运动卫衣添加阴影色，这是第二层颜色。给中裤加上纵条
注意腿部透视和褶皱下的条纹变形。刻画牛仔布质感的
要强调水洗边的效果。

05
step

为服装添加拉链和背包肩带等配饰细节，描出服装轮廓和
褶皱。

5.4
运动休闲风格男装2

01 step

在体块的基础上画出大致的服装轮廓。

02 step

擦除多余的辅助线,完善服装款式细节。

03 step

平铺第一层皮肤色和服装的底色。

口层次。细化五官和发型，用深红色为运动衫添加阴影，
表走动时肩膀和胯部产生的拉伸褶皱，然后用黑色画出休
车的阴影，虽然裤子比较宽松，但是阴影要能体现腿部的
态。画出背包和运动鞋的大致廓形。

05 step
加深明暗对比，用白色为上衣两侧边添加竖条纹和腰间皮
带。为背包和运动鞋添加细节。最后为整体造型描边。

赏析